宝贝，吃什么？

超级辣妈全营养私房辅食

搭配24节气的全营养辅食，让宝宝全年
不生病 不挑食 不过敏

网络百万人气育儿博客博主/知名艺人
东方卫视《妈妈咪呀》
深圳卫视《辣妈学院》 人气嘉宾

维尼妈 著

海峡出版发行集团 THE STRAITS PUBLISHING & DISTRIBUTING GROUP | 福建科学技术出版社 FUJIAN SCIENCE & TECHNOLOGY PUBLISHING HOUSE

作者序

从小我就喜欢跟着爷爷，一起逛市场买菜、窝在他身后看他煮饭的样子。爷爷过世后，只剩下爸爸煮饭给我吃，偶尔我也开始煮给爸爸和自己吃，正因为如此，我对厨房与煮饭这事并不陌生。21 岁那年，跟交往 4 天的男友结婚，如今已是第十二个年头，陆续生下 4 个可爱又健康的宝贝们，没想过自己会每天下厨，更没想过会去考一张中厨丙级的执照，无非就是希望让全家人吃得健康又营养。很多不可能的事情，可以坚持到现在，就是因为“一份爱”的驱使与动力，相信这也是许多跟我一样是妈妈身份的你们共同的理念！

市面上没有“宝宝使用说明书”可以参考，第一次见到宝宝过敏、起疹子，心如刀割，多想替他们承受这些；宝宝第一次发热、生病，什么都不吃的时候，自己真不知道该怎么办才好？我将近 11 年的育儿过程与心得，化作文字分享集结成书，让更多新手爸妈知道，其实育儿也可以放轻松，我们都是彼此的后援会！

最后要感谢出版社所有幕后的工作人员，你们不辞辛劳的付出，给予我很多空间与想法才能完成这本宝宝食谱书。感谢所有愿意支持与帮助我的好朋友们，特地挪出时间替这本书写序、写推荐文并分享，你们的支持是我最大的鼓励。感谢我的父亲，无论再忙，都保持着亲自下厨煮给我吃的习惯，直到现在，在我的记忆中还能闻到那份独特的幸福与美味感，也让现在成为母亲的我，能够继续煮出这样的幸福餐给孩子们吃。感谢 4 个活泼又健康的孩子们，让我想煮出更多营养均衡又美味的食物给他们。感谢我的先生，没有他在背后一路的支持与鼓励，哪有时间可以写食谱书、完成自己一直想做的事情？最后，也要谢谢一直喜爱维尼妈以及购买这本宝宝食谱书的大家，欢迎大家与维尼妈互动与联系，别忘记来我们的粉丝专页打声招呼哦！我们会非常开心的！

推荐序

（依姓氏笔画排列）

知名主持人
模特儿
作家

看见维尼妈出书，让我再一次惊叹。第一次见到维尼妈是刚生完第三个小孩的时候，上我的节目，当时就对这位快速结婚而且勇敢生小孩、养小孩、带小孩的妈妈充满了好奇！接着时常在我的儿童节目里遇见他们家的小宝贝们！就连第四个小樱桃的诞生我也都荣幸地参与到了那惊人的第四胎的决定！

对于年纪这么轻就生了4个小孩，并且个个教得礼貌懂事，大的还很爱弟妹甚至都还抢着带最小的宝贝的画面，深深烙印在我的脑中，我相信这一切都归功于父母的爱以及妈妈的巧手！我相信这本《宝贝，吃什么？——超级辣妈全营养私房辅食》一定会让需要的妈妈们受惠的，因为除了维尼妈不仅是4个孩子的妈之外，这本书更是汇集了她哺乳方面经验的血泪史，从几个月到几年的过来人，绝对会让新手妈妈们使宝宝吃得健康也吃得安心哦！

最后，再一次恭喜维尼妈，有这么幸福的一家人，还出了一本这么温馨又实用的书！

超人气中医师
畅销书作家
李思儀

维尼妈，是我在 3 年多前通过录制节目认识的“超级妈妈”，为何会这样形容呢？她常会聊起家中孩子的趣事，当时我就很诧异年纪轻轻的她居然生了 3 个孩子，除了勇气十足，还得有点傻劲，没想到现在她的老四也从呱呱坠地到已经可以满场跑来跑去，每一个孩子也都教养得懂事且活泼健康。十分钦佩她在忙碌的工作之余，快速料理属于孩子健康美味的餐点，甚至还为了进一步了解食物的学问和能够变换多样菜色而去考了厨师证照，虽然年轻却不间断地分享与学习。

从这本新书中我读到的不仅是实用的料理，更多的是对孩子的爱与身为人母的骄傲。为了孩子的健康，亲自手作属于爱的料理，并配合节气，结合当季的食材，让孩子吃上最应季又新鲜的美味料理。孩子呈现满足笑容的刹那，就是妈妈们最欣慰的时刻。不论你是不是新手妈妈，在这生过 4 个孩子的妈妈陪伴下，共同来亲手制作属于孩子的满意健康餐点吧！

容新诊所营养师

李婉萍

这个年代我是三宝妈并带着3个宝贝出门已经很引人侧目，维尼妈这个四宝妈就更不简单了。她怀老四时我们是每周一起录制节目，看着她的肚子一天天大起来，体型却维持得很好，等她再出来录制节目时已经恢复好身材。重点是录制节目时她还念念不忘她要如何坚持母乳喂养，尤其对于如何调整喂奶时间我们俩还讨论了许久。我打从心里佩服她，忙4个宝贝后又要出来工作，对待孩子呵护的心却一点都没少，还制作辅食、煮饭给家人吃，可见爱家人一直是她生命的重心！

终于，她要将养大这4个宝贝的食谱与大家分享了！

营养师都说食材要跟着季节走才最健康、最营养，书中依照四季食材来做4个阶段月龄辅食，让父母能简单了解哪个月份用什么菜来做料理，提供给父母更大的便利性。维尼妈因为常常上健康节目，与专业医护人员学习幼儿成长的资讯，下台后她常常会以一位妈妈的身份来询问我们许多育儿问题，相信维尼妈曾有的疑问，一定也是很多妈妈的疑问。这本书将她上节目学到的各种医学与营养知识和大家分享，相信一定能让你“心有戚戚焉”，找到你想要的妈妈育儿好经验！

家事达人

陈映如

刚认识她时，只觉得她是个口才好又亲切的美丽妈妈。后来聊天的机会越来越多，才发现维尼妈根本就是个神力“女超人”。

记得有一次录制节目的场次是第二场和第五场，中间空当时，维尼妈不见了，后来，我问她刚才去了哪？没想到短短几个小时，她去接小朋友下课，拐去买菜，还顺道陪孩子在公园玩了一下，接着回到家，把菜都煮好，然后又美美地回来录制节目了！这就是维尼妈，一个能把家庭和事业完美兼顾的超级妈妈。

当然，我也是维尼家族粉丝团的忠实粉丝。在脸书（facebook）中，看她分享全家一起的快乐时光以及小樱桃的可爱逗趣照片，总觉得好温馨、好感动。我也喜欢看维尼妈的食谱分享，因为她总是能用最轻松、省时的方式，做出一桌的美味。我曾经试做过她自创的芝麻豆腐冰淇淋，真的很简单又好吃！

这回维尼妈出新书，让人极期待。在书中，她分享了许多育儿经验，针对如何帮孩子准备及制作辅食，提出了非常多好的建议。而且，这本书从节气出发，教大家不同时节适合吃的食材和烹调方式，这样全新的观点，让人耳目一新也充满期待！

知名作家
咨商心理师

许皓宜

“食物影响了身体，吃法塑造了心灵。”和维尼妈初识在荧光屏前，真正认识她是因为一起“上山下海”去烤肉，见证维尼一家“充满活力”的野食乐趣。对我而言，每当看到维尼夫妻以及4个小宝贝，就好像在翻阅一本不可思议的“家庭故事”，每个章节都令人会心一笑，心里浮现“啊，原来家庭生活也可以这样过”的领悟。收到维尼妈的新书时，我迫不及待地打开翻阅，一方面是因为早知道她烧得一手好菜，想拜师学艺许久；另一方面更是理解，一旦维尼妈要将这些好手艺记录下来，一切肯定是围绕着“家”和“爱”的。是的，我所认识的维尼一家子，才华是无限的，给彼此的爱也是无限的。

我常常在想，或许正是因为爱，让维尼妈在荧光屏前不只搞笑也能催泪，然后用这种满满的创意化身为最美丽的厨娘，烧出一道道让4个孩子不想离开餐桌的美味食谱；也或许正是因为爱，让维尼爸这样健壮的男子愿意开着一辆野营车，化身成为能出外打拼，又能“把屎把尿”的全能奶爸。看着他们每次上工都带着小宝贝们奔波的模样，有时你一口我一口地共食一个便当，有时一起品味妈妈随身携带的餐点，这种充满家庭情感的“吃法”，想必为孩子们塑造了一颗充满爱的心灵吧！邀请你们一起进入维尼妈的美食魔法，用食物为孩子的人生点缀爱。

知名主播
主持人

多年前，因为主持节目认识了维尼妈，当时，对于有3个小孩的她感到肃然起敬，没想到，现在的维尼妈，已经变成4个孩子的幸福妈妈。虽然工作、家庭两头忙，还是可以经常看见维尼妈在脸书上分享家常食谱，也累积了许多“实务经验”，孩子们总是吃得津津有味，露出一张张幸福的笑脸，让人感受到妈妈的食谱，的确能够带给家庭幸福与温暖。

其实，当小孩开始吃辅食到完全断乳的这个阶段，对妈妈而言是一大考验：不但要兼顾营养，口味也要懂得多变化。这本食谱书，就是一本很好的参考书；或许你从没想过，将苹果、红薯加上豆腐，能够成为一道宝宝喜欢的美食；黑芝麻、牛奶、豆腐加上鲜奶油，就可以DIY做成冰淇淋！

维尼妈对于小孩的养育，不但“经验老到”，而且创意十足。将小宝宝食谱集结成书，对于许多新手妈妈而言，必将十分受用！

第一章 制作辅食的基本篇

012 如何给宝宝一个营养均衡的辅食
024 购买、处理食材的秘诀
032 制作辅食的技巧与注意事项
036 制作辅食的器具

第二章 春季 节气食谱 36 道

2 月 | 立春、雨水

045 南瓜泥♥（6~8 个月）/ 菠菜薯泥（6~8 个月）/ 山药香葱泥（6~8 个月）/ 蜜枣包菜糊（6~8 个月）

046 鸡肉鲜菇蔬菜粥（8~10 个月）/ 山药鸡蛋糊♥（8~10 个月）

047 菠菜洋葱牛奶羹♥（8~10 个月）/ 杰克南瓜浓汤（8~10 个月）

048 洋菇芝士饭♥（10~12 个月）/ 香甜南瓜麦片（10~12 个月）/ 葱花菠菜双孢菇烘蛋（10~12 个月）/ 南瓜宝宝肉饼（10~12 个月）

3 月 | 惊蛰、春分

051 双菜米糊（6~8 个月）/ 西蓝花糊♥（6~8 个月）/ 包菜芥菜汁（6~8 个月）/ 韭菜泥（6~8 个月）

052 包菜甜椒粥♥（8~10 个月）/ 芥菜猪肉粥（8~10 个月）

053 包菜萝卜粥♥（8~10 个月）/ 花白菜洋葱胚芽粥（8~10 个月）

054 宝宝版苍蝇头炒饭（10~12 个月）/ 芥蓝牛肉香菇饭♥（10~12 个月）/ 爆浆鸡肉双菜水饺（10~12 个月）/ 丁香鱼洋葱蛋饼（10~12 个月）

4 月 | 清明、谷雨

057 胡萝卜泥♥（6~8 个月）/ 胡萝卜玉米汁（6~8 个月）/ 青豆胡萝卜蒸蛋（6~8 个月）/ 青椒红薯泥（6~8 个月）

058 五色粥♥（8~10 个月）/ 养生时蔬高汤（8~10 个月）

059 茄汁多利鱼炖粥（8~10 个月）/ 什锦蔬菜稀饭♥（8~10 个月）

060 全麦吐司土豆胡萝卜卷（10~12 个月）/ 什锦鲷鱼烩饭♥（10~12 个月）/ 三文鱼青豆肉丝炒面（10~12 个月）/ 意式茄汁鸡肉炖饭（10~12 个月）

062 新手爸妈的迷思破除 (1)

064 维尼妈的母乳经验分享 (1)

第三章　夏季 **节气食谱 36 道**

5月 | 立夏、小满

071 枸杞海带冬瓜汤（6~8 个月）/ 火龙果葡萄泥♥（6~8 个月）/ 葫芦瓜蔬食泥（6~8 个月）/ 彩椒绿笋泥（6~8 个月）

072 鲷鱼吐司浓汤♥（8~10 个月）/ 彩椒鲷鱼粥（8~10 个月）

073 冬瓜蛋黄羹♥（8~10 个月）/ 鲷鱼杂烩粥（8~10 个月）

074 鲷鱼馄饨汤♥（10~12 个月）/ 双果果冻（10~12 个月）/ 四四如意炒面♥（10~12 个月）/ 彩椒腰果牛肉蛋炒饭（10~12 个月）

6月 | 芒种、夏至

077 双瓜菜菜泥（6~8 个月）/ 帅又高的黄绿红泥（6~8 个月）/ 香蕉牛奶糊♥（6~8 个月）/ 苹果香瓜汁（6~8 个月）

078 香香芝麻叶炖鸡蓉菇菇粥（8~10 个月）/ 金针菇炒蛋♥（8~10 个月）

079 黄瓜雪梨汁♥（8~10 个月）/ 银鳕鱼蔬菜粥（8~10 个月）

080 银鳕鱼佐芝麻叶炖饭♥（10~12 个月）/ 黄瓜鸡丝蛋炒饭（10~12 个月）/ 野菇时蔬炒饭（10~12 个月）/ 健康香蕉燕麦片饼干♥（10~12 个月）

7月 | 小暑、大暑

083 银耳脆瓜米糊（6~8 个月）/ 红凤银耳米糊（6~8 个月）/ 蒜蓉丝瓜豆腐煲（6~8 个月）/ 红枣枸杞米糊♥（6~8 个月）

084 苦瓜菠萝汁♥（8~10 个月）/ 鲈鱼丝瓜米粥（8~10 个月）

085 猕猴桃菠萝汁♥（8~10 个月）/ 鲈鱼西蓝花玉米粥（8~10 个月）

086 牵丝猪肉丝瓜贝壳面（10~12 个月）/ 菠萝海绵宝宝蛋糕（10~12 个月）/ 菠萝蒸饭♥（10~12 个月）/ 鲈鱼菇菇炖饭（10~12 个月）

088 新手爸妈的迷思破除 (2)

090 维尼妈的育儿经验分享 (2)

第四章　秋季 **节气食谱 36 道**

8月 | 立秋、处暑

097 黄瓜枸杞粥（6~8 个月）/ 红到发紫粥（6~8 个月）/ 牛油果土豆泥（6~8 个月）/ 梨汁马蹄饮♥（6~8 个月）

098 金黄鸡肉粥（8~10 个月）/ 山药鲷鱼苋菜粥（8~10 个月）

099 三色蛋卷饭♥（8~10个月）/ 香酥红薯叶粥♥（8~10个月）

100 甜心梨子猪肉丸♥（10~12个月）/ 苋菜蘑菇三文鱼蛋炒饭（10~12个月）/ 火龙果木瓜西米甜品（10~12个月）/ 三丁炖饭（10~12个月）

9月 | 白露、秋分

103 猕猴桃泥♥（6~8个月）/ 南瓜芋头浓汤（6~8个月）/ 红枣黑木耳露（6~8个月）/ 绿豆海带汤（6~8个月）

104 芋头大米粥♥（8~10个月）/ 香苹葡萄布丁（8~10个月）

105 莲藕玉米小排粥（8~10个月）/ 芋头香菇芹菜粥♥（8~10个月）

106 黄金芋泥肉丸子（10~12个月）/ 香菇牛肉秋葵炒饭（10~12个月）/ 香蕉葡萄汁♥（10~12个月）/ 秋葵豆腐丸子（10~12个月）

10月 | 寒露、霜降

109 红薯苹果糊♥（6~8个月）/ 甜柿蔬菜粥（6~8个月）/ 双豆芽米糊（6~8个月）/ 双豆芽海带蔬菜高汤（6~8个月）

110 综合鲜菇牛肉粥（8~10个月）/ 红薯碎米粥♥（8~10个月）

111 综合蔬菜猪肉土豆泥（8~10个月）/ 甜柿原味酸奶（8~10个月）

112 鲈鱼糙米元气粥（10~12个月）/ 鲈鱼巧达浓汤♥（10~12个月）/ 多利鱼米粉汤（10~12个月）/ 意式苋菜多利鱼排面（10~12个月）

114 新手爸妈的迷思破除 (3)

116 维尼妈的母乳经验分享 (3)

第五章　冬季 节气食谱 36 道

11月 | 立冬、小雪

123 紫背菜芹菜泥♥（6~8个月）/ 猪骨皇帝豆薯泥（6~8个月）/ 四季豆豆泥（6~8个月）/ 牛蒡高汤（6~8个月）

124 鸡肉鸡腿菇粥（8~10个月）/ 四季豆牛蒡粥♥（8~10个月）

125 鸡蓉豌豆苗粥（8~10个月）/ 活力红糙米粥（8~10个月）

126 四季豆末炖鲜菇鸡芝士饭♥（10~12个月）/ 蒜香核桃豌豆苗粥（10~12个月）/ 蔬菜松饼（10~12个月）/ 红豆牛蒡炖肉饭（10~12个月）

12月 | 大雪、冬至

129 蘑菇空心菜泥（6~8个月）/ 萝卜糯米糊♥（6~8个月）/ 巩固视力双拼粥（6~8

个月）/ 萝卜综合高汤（6~8 个月）

130 秀珍菇芦笋粥（8~10 个月）/ 鸡汁秀珍菇肉粥（8~10 个月）

131 宝宝面疙瘩（8~10 个月）/ 空心菜牛肉粥♥（8~10 个月）

132 香橙牛肉炖饭（10~12 个月）/ 小白菜三文鱼焗饭♥（10~12 个月）/ 黑白双菇牛肉饭（10~12 个月）/ 土豆面疙瘩佐豌豆核桃橄榄（10~12 个月）

1月 | 小寒、大寒

135 嫩豆腐糯米糊♥（6~8 个月）/ 白红黄吱吱泥（6~8 个月）肉末结球莴苣粥（8~10 个月）/ 果菜米饼（8~10 个月）

136 豌豆三文鱼芝士粥（8~10 个月）/ 菜肉胚芽粥（8~10 个月）

137 上海青麦芽豆饮♥（8~10 个月）/ 金莎豆腐泥（8~10 个月）

138 土豆豌豆泥♥（10~12 个月）/ 上海青胡萝卜菇菇五谷粥（10~12 个月）/ 黑白冰激凌（10~12 个月）/ 牛蒡上海青肉粥（10~12 个月）

140 新手爸妈的迷思破除 (4)

142 维尼妈的育儿经验分享 (4)

第六章 宝宝生病了，怎么吃？

腹泻 **宝宝腹泻怎么办？**

147 山药萝卜粥（8~10 个月）/ 泥是我的小苹果（皆可）

口腔发炎 **宝宝口腔发炎是妈妈最为头疼的事情之一！**

148 油菜水（8~10 个月）/ 149 鲜鱼蒸蛋（8~10 个月）

便秘 **宝宝便秘怎么办？**

151 菠菜香蕉泥（6~8 个月）/ 高纤黑枣红薯泥（8~10 个月）

呕吐 **吃也吐，不吃也吐，到底我该怎么做？**

152 西蓝洋葱鲜鱼汤（8~10 个月）/ 153 西红柿汤（8~10 个月）

感冒 **宝宝感冒了，该怎么办？**

155 葱白小米粥（6~8 个月）/ 山药蔬菜粥（8~10 个月）

发热 **好烫！宝宝发热了！该怎么舒缓宝宝的不适？**

156 水梨红苹莲藕汁（6~8 个月）/157 西瓜绿豆粥（8~10 个月）

过敏 **宝宝过敏急死我了，该怎么做？**

159 南瓜椰菜野菇粥（8~10 个月）/ 鸡肉饭（10~12 个月）

第一章

制作辅食的基本篇

随着宝宝的不断长大，在制作辅食时除了食材的选择要严格把关外，也要兼顾口味和颜色。为了让宝宝营养均衡，过了 6 个月之后，就需要添加一些母乳以外的食物，而宝宝的食材怎么选、怎么做，也是一门学问，就由维尼妈来告诉你们吧！

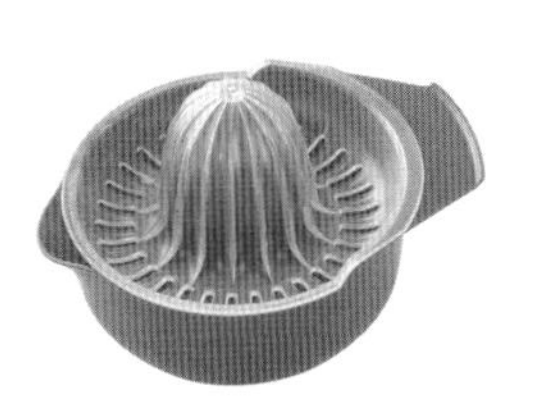
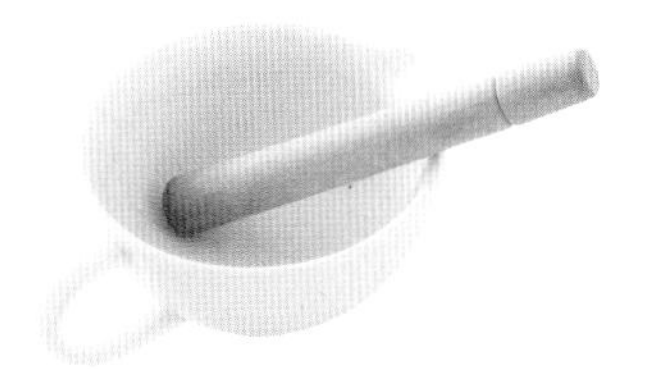
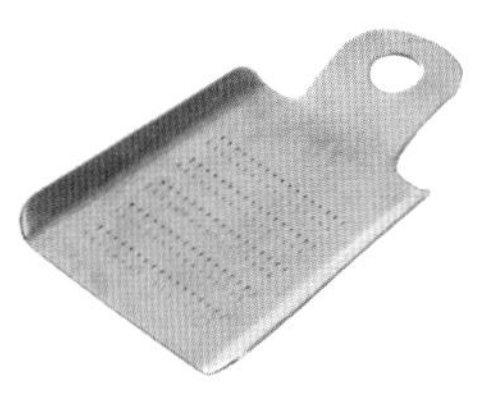

如何给宝宝一个营养均衡的辅食

在给宝宝喂食母乳（或配方奶）的阶段后，紧接着的课题就是帮宝宝制作营养均衡的辅食，该如何让宝宝营养充分？要注意些什么？在这里，维尼妈用浅显易懂的文字，让大家更快进入状态哦！

1 初期先以稀释为最高原则

宝宝的第一口辅食，最好先稀释，待宝宝肠胃适应后，再慢慢增量，而不是一开始就给宝宝吃“稀粥”或“稀饭”，甚至很多长辈喜欢熬大骨稀饭给宝宝吃，其实并不适合宝宝正在发育的肠胃。宝宝吃辅食是要分阶段的，通常还没学会吞咽的阶段，都会先以水糊状的食物为主。建议大家可以先以十倍粥（即大米和水的比例为 1 ：10）、稀释后的果汁或蔬菜汁来试，随着月龄增长或根据宝宝的反应来逐渐作调整。日后增加其他食物时，可将食材打成泥状给宝宝吃，不但宝宝对食物的接受度较高，也较容易吸收。这是因为宝宝的咀嚼和消化功能尚未发育完全，消化能力较弱，不能充分消化和吸收食物中的营养，所以要根据宝宝的月龄，将食物烹调做到细、软、烂。请记得以下原则：食物要从“单一到多样”“稀释

到浓稠”“量少到量多”“质细到质粗”逐渐进行辅食的给予，食材的质地也要从流质、半流质、半固体到固体，要让宝宝在逐渐习惯的饮食过程中，对食物产生喜爱。

给宝宝喂辅食的练习，不在于吃的分量多寡，而是让宝宝能习惯有别于奶之外的食物、学会用汤匙吃饭、锻炼吞咽咀嚼能力和培养用餐习惯。很多长辈喜欢拿自家宝宝跟别家宝宝比谁胖，或是谁吃得多，但每个宝宝的成长速度与方式都不相同，食量当然也会不一样，重点是胖瘦跟基因也有很大的关系，还是别一味地比较宝宝的身高、体重，就按着宝宝自己的生长曲线成长，只有宝宝身体健康才是最重要的。如果当喂食辅食这件事情，变成半强迫的时候，反而会制造宝宝对于吃的反效果，以后宝宝一看到餐桌、想到吃东西，可能就会有厌恶的念头与负面反应，事情会越来越麻烦。在宝宝练习吃的过程中，双方保持愉快的心情很重要。

2 顺序给法大有学问

从低过敏的食材开始给辅食，只要是口味清淡、新鲜且自然的食材，都很适合拿来做宝宝断乳期的辅食。从五谷根茎类开始着手，再到蔬菜、水果与荤食（牛、鸡、猪、鱼、蛋黄、芝士），所有食材都要煮熟。至于水果要不要加热，可以先从加热后制作开始，等宝宝月龄大一点，肠胃发育渐渐成熟时，再给予完全不用煮过的水果，降低过敏概率，大家可以参考一下。当宝宝逐渐习惯接触辅食的时候，且能吃下稀饭、蔬菜泥或是肉泥等食物，就可以慢慢增加喂食的次数。我们家 4 个宝宝的纪录是：第一阶段（6~7 个月）一天一餐，第二阶段（8~9 个月）一天两餐到三餐，第三阶段（10~12 个月）可以变为一天三餐，甚至加入点心。第一胎喂配方奶的时候，我都是在餐后喂奶；但后来三胎在亲喂母乳的时候，我则是采取先亲喂再给辅食（或宝宝随时想亲喂就喂）。配方奶的宝宝在开始吃辅食的时候，奶量无需减少，1 岁过后，辅食成为宝宝的主食，而母乳或是配方奶就会成为辅食。奶还是要喝，才能补充各种营养素，更何况母乳非常营养，不应该在 1 岁之后就强行断乳，不给宝宝喝母乳。6 个月之后的母乳进食，其实是在喝妈妈

的抗体，给得越多，妈妈与宝宝越健康。这里所谓“断乳”是指摆脱奶瓶进食的方式，而非完全不碰奶类。

“一次只添加一种新的食物”，并留意宝宝皮肤与身体的反应状况，这个目的就在于，比较容易知道宝宝是因为哪种食物而产生过敏反应。若是真的有过敏反应产生，则可先停止该项食物，待宝宝月龄再大些的时候，再给宝宝尝试原本会过敏的食物看看。在尝试新食物的时候，偶尔也会遇到宝宝不爱吃的东西，例如我们家老大就不喜欢吃肉，老三就比较不喜欢吃菜，这时候千万不要气馁，若是顺应着他们的喜好去给，很可能就助长了他们偏食的行为。建议大家可以多花点心思在宝宝辅食的烹调上，像我就会把肉泥与剁碎的蔬菜一块搅拌均匀，做成丸子后拿到电炖锅去蒸熟，这样两者营养都均衡地摄取到了，或是利用相同营养素的其他食材来代替。只要在宝宝辅食的过程中，随时记录下宝宝吃辅食后的反应，如有拉肚子、便秘、呕吐或皮肤出疹等过敏现象则要立刻停止该食材的喂食，隔一段时间再试，一次只给宝宝尝试一种新鲜的食物，3~5 天都连续没有过敏反应，则可以在往后制作辅食的时候加入此项食材。容易诱发过敏的食材有柑橘类水果、芒果、小麦制品、蛋白、坚果类、巧克力、可可和带壳海鲜等。但每个宝宝的过敏原不同，要隔绝过敏原得靠爸爸妈妈细心的观察和耐心的记录。

3 固定场所吃饭的重要性

在刚开始在练习给宝宝吃辅食的大约4个礼拜之中，就可以让宝宝慢慢养成在固定位置、环境吃饭的习惯。也可以在用餐区摆放宝宝熟悉的物品，例如洋娃娃或小汽车，或是放一首温柔轻松的音乐，主要是营造让宝宝感到安全、舒适的环境，便可提升宝宝接受新食物或是吃的动机。宝宝吃饭的速度有可能是天生的，有些宝宝吃得很快，有些宝宝则吃得很慢。过快或过慢地吃饭都是不好的饮食习惯，特别是尽量不要让宝宝边吃边玩或是边吃边看电视，爸爸妈妈则在一旁玩手机。当专注在“吃饭”这件事情的时候，宝宝会慢慢建立对吃的兴趣与模式。同样的，尽量选择在每一天的固定时间喂食辅食，让宝宝的身体机制习惯这个时间用餐，而不是想到才喂，或大餐小餐地给。

辅食的给予不仅能让宝宝吸收到其他的营养，更重要的是让宝宝适应有别于乳制品的食物及其味道。从小养成吃饭的好习惯，并不需要等他们会讲话、听得懂我们说话的时候才进行，而是要在最早接触辅食的时候就开始练习。在辅食阶段，也要让宝宝摄取谷类、蔬菜、水果、肉等多样化的食物，并且习惯和熟悉食物本身的味道，进而促进宝宝味觉、嗅觉、触觉功能的完善，这样宝宝才不容易养成偏食的习惯。

尽量不要随意更改宝宝吃饭的时间与地点，习惯成自然的原则与方法很重要，宝宝的心思是很敏感的，如果经常随意更改原本的步调，反而容易让宝宝变得焦躁与不安。这个道理从0岁到学龄前都适用，如

果连正餐的时间都不好好地加以练习与培养，等到宝宝月龄渐渐增长，反而更难掌握吃饭的黄金时间。吃饭这件事情本可以是很快乐有趣的，一旦陷入你追我喂的窘境，爸妈以后反而会更累。还不如从宝宝开始接触辅食开始，就慢慢让宝宝练习吃饭的技巧、方式与作息，让宝宝知道一到吃饭时间就要自动坐上餐椅，开心享受爸妈精心制作的辅食，细细品尝食物原来的滋味。

每个宝宝的天性不同，但请留意尽量让辅食的每一餐都在相同时间进行，配合宝宝的作息为主，食用量要符合宝宝。刚开始喂的时间大概是中午或下午，不论是什么时间，尽量选择在每天固定的时间，最好抓准宝宝会肚子饿的时候。也可以配合家人一同用餐的时间，一起用餐能让宝宝享受家庭和乐的气氛，增加进食的乐趣。像我们家的老四每天都会跟我们一起用晚餐，当她看到爸爸妈妈与哥哥姐姐们都在张嘴吃饭的时候，她也会想跟着学习，这就是互相影响的力量。尽量让宝宝在 30 分钟左右吃完，超过时间就把食物收起来，中餐没吃饱，晚餐就可以多吃一些，如果这一餐辅食没吃完，在距离下一餐的中间点心时间就得舍去，避免营养摄取不足。

4　1岁以内尽量不加盐与油

关于吃多少油和盐的问题，基本上，1岁以下的宝宝饮食中，尽量不要添加太多盐或油，若是过了第二阶段（8~9个月）的断乳时期，在制作蛋饼或是煎蛋、炖饭之类的料理时，可以抹少许的油在锅内，以防止粘锅。适量的优质油（比方：橄榄油、核桃油或是葡萄籽油）可以帮助宝宝肠胃蠕动与脑部发育。吃太过油腻的东西，容易造成肠胃不适，甚至呕吐、不容易吸收的反效果。宝宝的味觉很敏感，有时只要非常微量的盐，就能改变辅食的口味，让宝宝对辅食的接受意愿变高。

美国卫生及公共服务部2010年公布的饮食指南，1~3岁每天钠的摄取量不应该超过1500毫克（也就是3.75克的盐），加拿大联邦卫生部则是建议1~3岁每天钠的摄取量应在1000~1500毫克范围内，而2009年英国曾针对1岁前的宝宝制定盐的摄取量，分别是“0~6个月<400毫克/天”和“6~12个月最多400毫克/天”。如果食材味道真的让宝宝很不感兴趣，放几粒盐调味一下，就能增进宝宝的食欲哦！但我大概是等到宝宝快1岁的时候，才放行“盐”的给予。在食材里放点盐会让食物变得更有风味、更好吃，也会让宝宝减少胀气、便秘等问题。

油脂是宝宝脑细胞成长的重要原料，但吃鱼、

肉时要避免过量的油腻与脂肪，最好去掉脂肪与皮的部分。一般儿科建议在 2 岁前不用刻意要求一定要少用油，但宝宝若是即将满周岁，如果蔬果量食用不足，1 岁前又限制油脂的摄取，这样很容易造成宝宝便秘，所以适量的油脂和盐分是可以的。

但经常说不要吃太咸的东西，指的是“零食类的产品”，特别像是饼干类，有时候为了延长保存期限，里面的钠含量其实是很高的，而我们在准备辅食的时候，那些米饼、面条、面包的钠，其实是可以摄取的。原则上 1 岁之前不用特别刻意给水，因为水分可以从母乳（或配方奶和辅食）来补充，让宝宝身体产生一个平衡的机制。请大家要特别注意，避免让宝宝吃过重口味的加工食品。加工食品为了保存更久的时间，其中可能会添加不少食品添加剂、抗氧化剂，甚至过多的盐分，对宝宝成长发育会产生负面的影响。

另外，不要给 1 岁以下的宝宝食用蜂蜜，以免引起肉毒杆菌的中毒（会影响脑部发育）。1 岁之前也不要给宝宝喝成人的鲜奶，两岁之前不要给他们喝脱脂或低脂牛奶，以免影响必需脂肪酸的摄取，造成不必要的肾脏负荷。

5 多样化食材的摄取

是人都容易对相同的食物感到厌烦，何况是天资聪颖、敏感过人的宝宝？在喂食宝宝渐渐看到他们成长的过程当中，我们可以观察到宝宝喜欢或讨厌哪些食物。通过这些观察，我们能在烹调方式与食材选择当中变化出不一样的把戏，利用各种料理方法，让宝宝养成不偏食的良好饮食习惯。

这个世界上没有哪一种单一食物可以提供人体所需的全部营养素，所以我们得多样化地摄取这些营养。从宝宝小时候接触辅食开始，就要带着他们认识所有食物。我常跟维尼爸说餐桌上没有“我不敢吃的”这句话，就算是不吃鱼、不吃茄子、不吃黑木耳的他，看到这些我煮的东西，都还是得在孩子们面前照单全收。原因是当我们自身排斥一种食物（甚至更多）时，孩子们都会模仿与学习，当他们看到父母亲都无所谓偏食或是挑食的好习惯，自然而然也会被好的习惯影响。如果妈妈不敢吃苦瓜，而在宝宝辅食的食材选择上就独漏了苦瓜，那么以后等宝宝长大，也许苦瓜对他来说就会很陌生，甚至不敢吃。因为小时候没接触过这个味道，长大再接触就会有些许的困难，而任何挑食、偏食都会妨碍到我们摄取全面性的营养。就因为有了孩子之后，当初不敢吃的东西，也慢慢被孩子训练到跟着一块吃，这样全家人才会更健康。

每天食谱上应包括5个营养性食物的组合，缺一不可！五谷杂粮好处多多，特别像是全谷类，拥有丰富的纤维素、维生素、矿物质等必需营养素，是我们日常所需能量的来源。从宝宝时期可以开始吃五谷米饭（由稻米、黄米、小米、小麦、豆类组成）或是十谷米饭（由薏米、

芡实、莲子、糙米、小米、黑糯米、小麦、荞麦、燕麦、麦片组成）的时候，我就会在一般白米饭当中，加上富含纤维素的五谷米饭一同烹煮，所以他们很少便秘。因为从小开始吃，所以并不觉得口感或是味道奇特，反而自然地接受了这个味道与食物。而蔬果当然不可以少，我发现现在上了小学的孩子，很少自己主动去拿水果吃，所以我觉得“吃水果”这个习惯要从小养成。特别是新鲜的水果含有丰富的维生素、矿物质及优质膳食纤维，在辅食时期就该将水果加入其中，让宝宝得到更多的营养，但水果不能代替蔬菜，均衡摄取才是正确的方式。担心蛋白质的摄取不足，我们也可以使用豆类制品替代加工的蛋白质，一样可展现在多样的断乳食谱当中，但美味却丝毫不减哦！

不同的食物有不同的营养成分，摄取过多或过少都不行，偏食与挑食容易造成营养素摄取的偏差，特别是现代饮食西化，很多宝宝就跟着父母亲成为了“外食一族”。好的饮食习惯不仅能维持健康，还可以抵抗各种病菌的侵袭。

6 喂食方式也有诀窍

6～12个月大的宝宝，正是发展咀嚼和吞咽功能的关键期。初期，当宝宝已经习惯吸吮母乳或奶嘴时，我们可以先用汤匙带他练习吃饭。刚开始喂食宝宝的时候，可以用汤匙轻轻碰触宝宝的下唇，引导宝宝张开嘴巴，然后再将汤匙放置在下唇上方，让他主动吸吮食物。刚开始可能会出现很多情况，如宝宝将食物吐出来或是出现哽咽的现象，这不是因为他不喜欢，而是刚开始宝宝还没学会如何吞咽，所以只能先以闭着嘴或把舌头吐出来的方式将食物吞下。宝宝也正在学着吃，可能要练习好一阵子才会习惯用汤匙，爸爸妈妈得有些耐心。又或是宝宝正在闹情绪，这时千万不要硬塞进去，有时候常会看到一些画面如用汤匙硬塞食物进去，让宝宝对吃产生厌恶感。不用担心但要有耐心地多喂食几

次，宝宝就能学会如何吞咽食物了！

初期给予的辅食质地是软与稀的，主要是可以让宝宝直接吞咽下去，中期则是让宝宝利用舌头、牙龈和上颚咀嚼着吃，后期则要让他们学会用牙龈和牙齿咀嚼。无论是处于哪个时期的宝宝，辅食的练习主要在于让宝宝练习咀嚼的方式，有别于一般亲喂母乳或是喝奶瓶的进食习惯。像我第一胎什么都不懂，而将米糊或麦精放进奶瓶中，与奶粉混合着给老大饮用，这就不是给宝宝练习咀嚼的正确方式，建议还是用小汤匙喂食。另外，米糊或麦精与奶粉混和会让质地太过浓稠，容易让宝宝肠胃不适甚至便秘。贪图方便只会带给宝宝与家长更多的不便，但我以生了 4 个宝宝的经验提供给大家，少了咀嚼的练习，容易让宝宝懒得自己咬东西、吃东西，我们家大哥就有这样的问题。另外，市售的米糊成分复杂，背后原材料、制作过程与其他未知的问题，这些都是我们看不到的，建议大家还是花一点时间亲手做新鲜的辅食给宝宝吃，减少宝宝健康上的风险，也能让宝宝吃得更营养与健康。这样吃的练习是需要时间的，所以才要按阶段来制作辅食，千万不要因为刚开始的挫折，而让彼此练习吃辅食的气氛变得凝重又有压力。

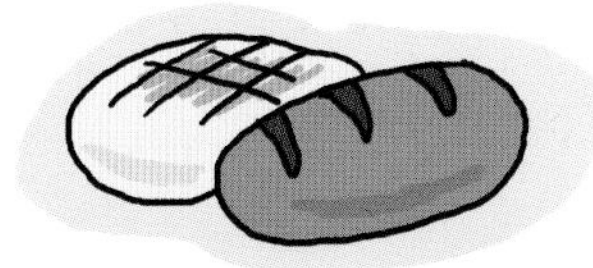

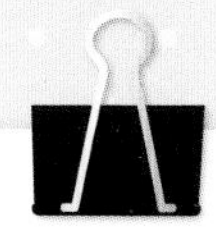

购买、处理食材的秘诀

制作辅食时，挑选当季新鲜的食材很重要，这样能让宝宝吸收更多养分，吃到食物的原味，养成不挑食的好习惯。新鲜的食物总有保存期限，以下章节将提供一些秘诀，让大家了解制作辅食前需要注意的重要事项。

1 用冷冻蔬菜也能做辅食

冷冻蔬菜不新鲜——这个观点可能要大翻盘了！很多人以为冷冻的蔬菜一定不好、没有那么新鲜，实际上，不知道大家有没有想过，无论是超市或是市场的蔬菜，在长途的运输过程中，多半已暴露在光线下，这可能会使营养素的价值变低，特别是维生素 C 与 B 族维生素。美国农业部（USDA）农业研究中心的植物生理学博士莱斯特（Gene Lester）却表示，有些冷冻蔬菜反而比超市所卖的新鲜蔬菜来得健康与新鲜，因为蔬果通常从土壤中拔起来或是从树上摘下来的那一刹那，其维生素或抗氧化物就开始不断流失。另外，研究显示，青豆储存 7 天后，维生素 C 含量减少 77%，冷冻青豆和新鲜青豆同时经过烹调后，冷冻青豆中所含的 β－胡萝卜素更高。因此，利用“急速冷冻”的保存方式，才能把好的营养素锁在里头。

一般来说，在制作冷冻蔬菜的过程中，通常

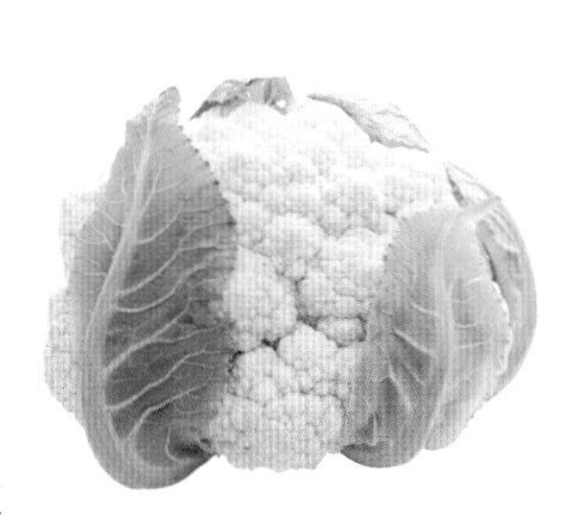

选用的都是那些正值成熟高峰期的种类；其次，成熟的蔬果也含有较多的营养成分。但如何制作冷冻蔬菜呢？第一步骤就是立刻清洗、切块，再用“高压灭菌”（以热水或蒸气杀菌）的原理，消灭蔬果中的细菌，接着再利用“急速低温冷冻”（零下60℃才有用）的方式制成冷冻包装，过程中不需添加防腐剂，且能完整保存蔬菜的营养成分。在解冻冷冻蔬菜的时候，无需再将冷冻蔬菜用流水方式解冻，可以改由微波解冻或是蒸煮方式，其中的维生素就不会那么容易流失掉了。

同时也可以换个角度思考，当我们购买当季蔬菜时，选择的一定是新鲜和成熟的种类，但若购买的蔬菜并不是产于当季，或正在台风之际没有新鲜蔬菜时，那么或许可以利用冷冻蔬菜的品种，来作为浓度较高的营养价值食用选择。若想要购买冷冻蔬菜来制作辅食，别忘了仔细看包装的标示，其中的营养成分、制作日期和保存期限都是重点，确保不含反式脂肪、防腐剂或过多的添加物。另外，有火腿的则不适合拿来制作成宝宝辅食。冷冻蔬菜最好在购买1周内食用完毕。

2 蔬菜清洗是重点

新鲜蔬菜拥有丰富的营养素，也是经常拿来作为制作宝宝辅食的最佳食材之一，但如何正确清洗与保存很重要！蔬菜残留的农药、硝酸盐等物质容易引发食管癌、胃肠癌以及肝癌等疾病。硝酸盐致癌的风险是需要长时间累积才可能发生的，最显著的例子就是在摄取大量的硝酸盐后引起的“蓝婴症”将会造成宝宝呼吸困难甚至窒息。世界各国对于蔬菜硝酸盐的含量都有规范，例如德国规定，婴儿食用的菠菜中，硝酸盐的含量不得高于250毫克/千克。农药、硝酸盐残留最为严重的蔬菜为豆科类，例如四季豆等，其次为叶菜类如小白菜等。根茎类蔬菜可以用报纸包裹，放置冰箱冷藏（可以将苹果与根茎类食材如土豆一起摆放，因为苹果会释放乙烯，这种成分可以抑制根茎类食材发芽），而叶菜类则建议至少两三天采购一次，以免冷藏太久而导致枯萎、失去养分。

什么样的蔬果尽量不要挑选呢？像台湾经常有台风，那些抢收抢种的蔬果就是一大疑虑；另外则是在非当季时节购买的蔬菜，病虫可能会较多，生长不易，一定要使用农药、催熟剂等，才能对付害虫，而当季蔬菜，则不需要喷洒太多农药、化肥就能自动生长得很好；颜色、样式特别美的蔬菜，业者可能会在上市前，为避免果实被害虫咬伤而失去卖相，而使用较多的化学药剂，让蔬果长得又大又美观；最后则是像瓜类、豆荚类食材，这类作物在产季时，会不停地长出新的果实，所以很可能在每日反复喷药的同时，大的果实会影响到小的，这种“今天喷药，明天采收”的情况也可能会发生。

大型叶菜类，例如紫甘蓝、包菜等，清洗方式可

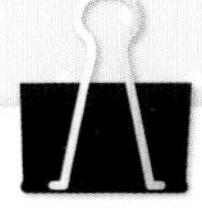

先除去外叶、切开后剥离；小型叶菜类，例如小白菜、上海青、油菜等，可先去除腐叶，接近根部的地方切除约 1 厘米长，将叶子一片片剥开后，泡在流动的水中清洗至少 15 分钟；十字花科类，例如花椰菜（即花菜）等，则可将食材切成食用或烹煮时的大小后，再进行浸泡或冲洗，同样是以流动的水清洗至少 15 分钟；表面不平滑的蔬菜，例如苦瓜、黄瓜等，则可以在清洗时，用软毛刷轻轻刷洗；青椒类食材则要先去除蒂之后再清洗较为妥当；小颗粒水果或是中型水果，例如葡萄、草莓等，则要先以流动的水浸泡约 10 分钟，并利用软毛刷轻轻刷洗，浸泡时间无需过长，以免流失营养成分而影响风味。

错误的清洗方式会让蔬菜越吃越影响健康，例如使用洗米水、盐水、蔬果清洁剂、蔬果清洗臭氧机或延长浸泡时间等等。正确的清洗方式则是大量使用清水清洗，这是因为清水中含有余氯，可以杀菌并且氧化残留农药。这是不二法门，一定不能忘记！

3 把米冰起来吧

宝宝的第一口辅食就是米糊，米是我们东方人的主食，可见米对我们来说有多重要。但别以为只需要担心米虫的问题，若是保存方式不恰当，吃多了很可能伤肝伤肾又伤心啊！很多老一辈的人保存米的方式是利用米缸，以为这样密闭的空间，就不会让米虫飞进来。其实米里头本来就有虫卵，这是在稻谷时期就可能存在的，而台湾天气湿热，而且夏天气温容易高于28℃，在这种环境下虫卵是不费半点力气就能轻松孵化的。所以建议大家在打开米袋之后，最好能将米放入保鲜盒当中，并且存放在冰箱中冷藏起来，因为冰箱的温度与湿度较低，米比较不容易腐坏或产生米虫。

要将米存放在冰箱的最重要原因是米很容易发霉，产生黄曲霉毒素。这类毒素特别喜欢滋生在各种农作物上，例如花生、米、玉米、豆类、麦类等。黄曲霉毒素最喜欢的环境就是在25~30℃，且耐高温，即便高温煮熟后仍无法去除。将黄曲霉毒素日积月累地吃进体内，将会给身体造成极大的伤害与负担，甚至导致性命危险。黄曲霉毒素已被证实为致癌因子中最具强致癌

性的东西，只要极少量的黄曲霉毒素就能诱发肝癌。

另外，经常使用的糙米，其营养价值高于白米，但胚芽容易起变化，相对来说存放的时间更短，同样要存放在冰箱内冷藏；而豆类收藏时，可以用保鲜袋装起来，尽量将空气挤出来，将袋子封紧后再放入冰箱冷藏。

一般来说非真空包装的稻米保存期限约为 3 个月，而真空包装的米则为 6 个月，所以买米前请先注意保存期限的问题。虽然我几乎天天下厨做饭，但购买米的时候有个习惯，那就是不买太多的米，因为现在是和平时期，无需储存太多的米在家里。我通常选购的是重 3 ~ 5 千克的米为主（大家可依家里人数为基准去选购），并且在购入后 15~30 天食用完毕，这样不但可以保存米的营养，还能吃到高品质的米。但最重要的还是在于保存的方式，所以记得把米冰起来，远离米虫，更能跟闻之色变的黄曲霉毒素说再见！

4 肉类分装保存要注意

肉类也是我们在制作中后期辅食常用的食材，除了拥有丰富的蛋白质外，还能增加食物的口感与风味，更能让宝宝吃到多种营养素。但其保存方式与分装方法却让很多人常常忽略掉，一不小心就连塑化剂都会吃进肚子里头。今天就要来跟大家分享我去市场或超市买肉类回来的保存方法。

很多人从超市买回家的肉直接会冰在冷冻室里（我以前也是），以为这样就可以延长保存期限。其实只有从传统市场购买回来的肉品才适合放入冷冻室，如果是在超市买的并且可在 1 周之内食用完毕的肉类，则应该保存在冷藏室中。

绞肉类可压扁并且分成数个小包装冷冻，这样可以缩短退冰的时间，若是利用冷藏室退冰则能帮助保持肉类新鲜程度与美味口感。像我知道第二天要用肉类来做辅食，前一天晚上就会先将存放在冷冻室的肉类拿到冷藏室来解冻，让冷藏室缓慢地将肉类退冰，血水也不会快速地渗漏出来，很好地保持了肉类的新鲜程度与口感品质。

选购肉类的方式也很重要。通常我们都拿来制作辅食的绞肉，最担心的就是不良商家会在猪肉里头掺入不应该出现的杂质，例如猪腺体、猪头肉等。实际上专家并不建议我们购买猪绞肉，但就是因为太好用，所以猪绞肉经常出现在许多人家的餐桌上，包括拿来制作辅食。如果真的要选购，最好是直接到肉摊请老板制作，顺带可确认有没有掺杂其他来路不明的肉。

尽量避免使用到聚氯乙烯（PVC）材质的保鲜膜与塑胶袋！自从台湾塑化剂风波后，大家都能了解到塑胶制品对人体的危害，而我们最常使用到的保鲜膜与塑胶袋，居然也会隔三差五地溶出塑化剂！当塑胶袋和保鲜膜接触到鱼、肉或任何含油脂的食材，塑化剂就会慢慢地溶到食材当中，而且重点是就算经过清洗，也无法像灰尘一样用清水洗掉，最后就会与我们吃的东西“融为一体”。

市场常用的红、白塑胶袋含塑化剂最多，因此不建议用于保存肉类。

制作辅食的技巧与注意事项

“工欲善其事，必先利其器”，选对了适合的工具来制作辅食，省时省力也省下很多麻烦。辅食的食材都要熟，尤其注意给初期宝宝吃的食物要软烂，毕竟宝宝消化系统尚未发育完全。这样才不会给宝宝造成身体负担，吃得营养安心又健康！

榨汁

刚开始给宝宝接触辅食的时候，可利用汤匙来喂食，训练宝宝接受有别于母乳或配方奶的味道，同时也稍微给宝宝喝点稀释过的果汁。将新鲜水果榨汁后，再加入开水稀释成两倍的果汁，才不会给宝宝造成身体的负担。榨汁是最基本的料理方式。用榨汁器榨取水果原汁，或是用果菜汁机将水果打碎后，利用过滤网将果肉滤出，取其汁喂食宝宝。

如果宝宝不太能接受也没关系，妈妈只要记得这是给宝宝练习接受其他味道的食物，别给自己跟宝宝太大压力哦！

研磨

把煮熟的食物捣（或磨）成泥，用研磨器是最为方便的了。只要将煮软的食材放入研磨器当中，用研磨棒捣碎并稍微挤压食材，就能轻松将食材捣成泥状。有时像香蕉、蒸熟的红薯、木瓜、葡萄或是土豆，都可以用这样的方式轻松捣碎，方便给宝宝喂食。这样捣碎后食物的质地，也最适合给宝宝食用。

可将核桃、芝麻等坚果类食材用研磨器捣碎，除了能够增加辅食的风味与香气，也可以增加营养和促进消化。

过滤

利用不锈钢滤网来过滤，除了可以预防食物因热而导致材质变质之外，也可以避免塑化剂的问题。一般也可用来过滤蛋黄、芋头、南瓜等纤维质较多的食材，口感会变得滑顺许多。而在制作宝宝高汤时，也可轻松将食材滤掉，留下高汤部分待凉之后喂给宝宝喝。

因为滤网容易卡残渣在上面，建议大家在使用完滤网后立刻清洁，用软刷在水龙头下清洗更为方便哦！

蒸

制作辅食最常用的就是“蒸”这个烹调方式，除了能较易留住营养外，还能保存食材的甜味，让食材变得柔软、好入口。可以利用电炖锅或是万用调理蒸锅，按下按键，省时也省力。

对于花菜、红薯、南瓜、胡萝卜等蔬菜，可在平常煮饭时，将上述食材一次准备好，一同放入锅内蒸。

煮

宝宝常吃的叶菜类，就可以用快煮平底锅来焯烫，既可以杀菌又能保持新鲜和营养。而部分肉类也可以用相同方式煮熟，便于去除血水与轻松切碎。一般制作宝宝高汤时，无论是鸡肉高汤、猪骨高汤或是海带高汤，也都会使用到大煮锅来炖煮。煮可说是在制作宝宝辅食的时候，最常使用到的烹调方式之一。

胡萝卜焯烫后再去皮，比直接剁碎更能保持其中的营养成分。

煎

在制作宝宝辅食后期的炖饭类或是煎饼类，就可以使用平底锅或是炒锅来煎。放入少许洋葱、大蒜等辛香料，就能够增添炖饭的香气与风味。再者，中后期的宝宝味觉越来越敏锐，不再爱吃软烂的粥，反而喜欢带点口感的米粒，这时红薯煎饼也是宝宝辅食的另外一种选择！

平底锅只需沾上少少的油就可以了。芝麻也可以用煎的，先将香气炒出来。煎饼类也很适合宝宝。

制作辅食的器具

制作婴儿辅食时，大多是果汁、米糊、粥类、高汤等，利用合适的工具将食材磨碎、压泥、打汁、过滤、切碎，能精简制作辅食的过程。以下介绍的几样器具，是帮助我们迅速制作完成辅食的得力帮手哦！

易拉转

完全体恤妈妈的厨房小助手！无需插电，只要将食材稍微切块，丢入易拉转里头，直接拉就能将食材轻易切碎、切丁或捣成细末。可将一些辛香料食材如葱、蒜、姜放入易拉转，马上就可以变成葱末、蒜末与姜末。不用再用菜刀切到手脚发软，也绝对不会喷得到处都是，不沾手的绝妙设计，不怕熏到泪水直流，就算是制作酱汁食材，也超省时的哦！整体机器清洗方便、操作简单，只要轻松拉一拉就可完成哦！

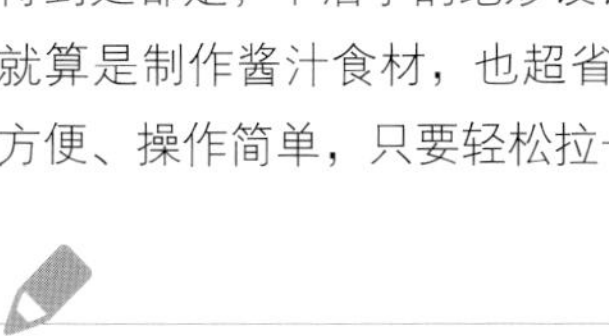

可以将电炖锅蒸好的食材放进去磨碎或压泥；制作水饺、馄饨包馅类的食物也都很方便！

多功能料理机

一台抵多台的多功能食材处理机，料理界处理食材的百变金刚！可处理超过100种食材的神奇万用料理机，减少妈妈备菜的时间。一台机器搭配简单，7个配件有8大功能，不仅能打泥、切片、刨丝、打果汁、榨汁、揉面、研磨、打发、切丁等，最厉害的就是它还能让一般人都能拥有厨师级的刀工，即便是难以切割的食材，都能使用这台来完成。想要烤蛋糕？想要做薯片给孩子们吃？想打个新鲜果汁喝？用它准没错啦！

易组装，好清洗，易收纳！

多功能电炖锅

要蒸煮辅食，多功能电炖锅是最便捷好用的器具之一！其具有 7 道智慧烹调系统：饭（快煮）、饭（精煮）、煲汤、糕点、加热（蒸煮）、炖煮、汤粥，无论制作小份的粥品、高汤、糕点或蒸蛋都能轻松做出好味道！另外还有两段式火力控制，精准掌握烹调温度，节能又省电！材质都是 304 不锈钢，爸妈可以安心使用！

省时省力的好帮手！不仅制作辅食可用，日后家里煮任何料理都能一键搞定。

小厨师万用剪刀

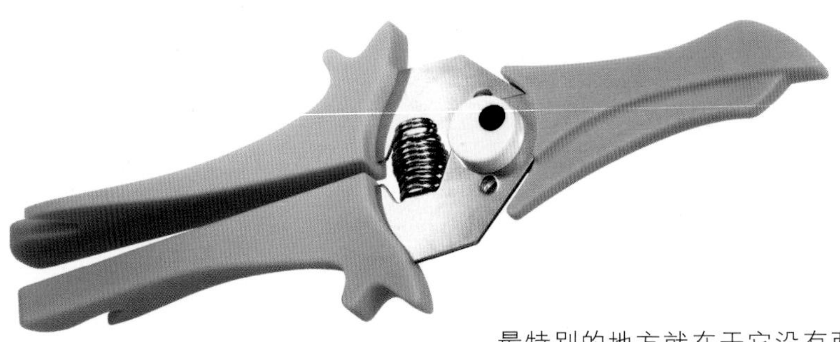

最特别的地方就在于它没有两个洞套手指的设计。使用方便，无须花费太多力气就能剪碎食物，并附有剪刀安全套的设计，收纳方便且样式活泼可爱。有时候做菜时，使用到有设计感的产品，也会提升做菜时的乐趣。出门在外使用它都很方便，偶尔也可以给大孩子自己来剪食物，学习手眼协调，训练平衡与发展小肌力，还能训练孩子独立自主的能力，是个安全与方便兼具的好帮手！

如果遇到面条类、蔬菜、肉类的食物，拿来剪也很方便与省力。

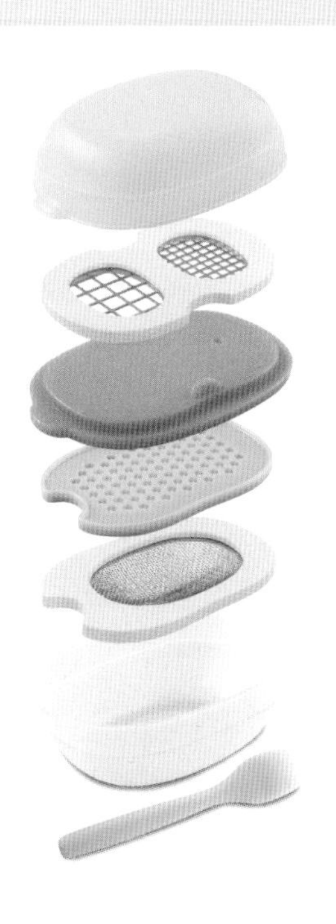

食物调理器

强调功能性、先进性以及设计性，配合宝宝成长阶段而设计。从宝宝开始接触辅食，就可利用这组器具来轻松完成宝宝的辅食。正因它够轻便、好收纳，也推荐外出旅游时使用。拥有磨碎、过筛、磨泥、切块、汆烫、微波解冻以及加热多种功能，送礼自用两相宜。相信这会是很多新手爸妈在制作辅食时的绝佳器具之一！

制作少量的辅食也可运用这体积小、方便的器具，重点是它好清洗哦！

宝宝训练餐具第一、二阶段套装

专门配合宝宝成长和适应每个时期不同发展阶段使用，可训练宝宝的手眼协调能力，促进小肌力发展。小宝宝到了一个阶段，就会想“自己试试看”，采用深碟、饭碗以及牛奶杯的特别角度设计，启发宝宝自然学会“拿”与“握”的本领。喂食碟的特殊凹槽、底部不容易滑动，以及深度与角度的绝佳设计，让宝宝轻松自信地盛起食物；配合宝宝手手大小的学用叉匙，让宝宝轻松将食物送入口中，成长学习不耽误！

简约设计搭配丰富色彩，让用餐变得快乐和有趣，轻松让宝宝在辅食阶段安心成长。

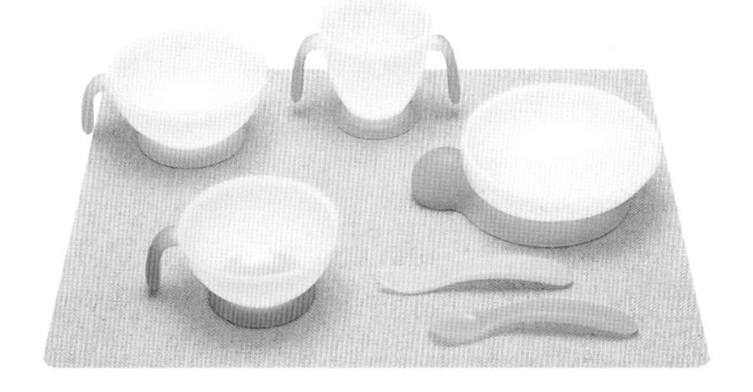

春天开始，代表一个“新”的起源与象征。
但也会因为有着“春天后母心”的说法，
形容早晚温差之大，因而容易伤风感冒，
所以，爸爸妈妈带宝贝外出时，得要注意多加保暖衣物。

适合宝宝的“春季”食材大集合

“春生夏长秋收冬藏”，在一年四季当中，吃对应季食物，顺应自然的健康饮食之道，让我们更健康！

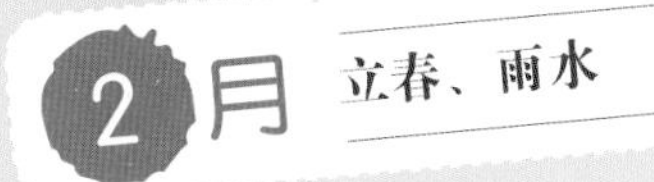

2月 立春、雨水

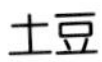

土豆

被誉为“蔬菜之星”，又名洋芋或马铃薯，含优质淀粉，是宝宝辅食时期最佳食材之一；不仅好吸收、可增强宝宝体质，还对其智力发展有相当大的帮助哦！

南瓜

丰富维生素A、E，可改善与增强免疫力；大量的锌是促进生长发育的好帮手；容易消化、吸收，对于骨骼与大脑都有很好的帮助。

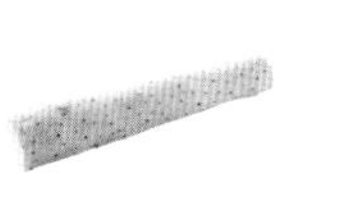

山药

所含淀粉酶、多酚氧化酶是健脾益胃助消化的好帮手；大量蛋白质和维生素，可增强宝宝体质，提高宝宝的记忆力。

菠菜

含有丰富的胡萝卜素，维生素C、E，钙，磷及一定量的铁和大量膳食纤维，能促进肠胃蠕动，帮助消化，对宝宝的视力发育也有相当大的帮助。

葱

可以促进消化吸收、健脾开胃及增进食欲，同时能抗菌、抗病毒。葱中所含大蒜素，具有抵御细菌和病毒的明显作用，尤其对痢疾杆菌和皮肤真菌的抑制作用更强。

双孢菇

有利于骨骼健康发育；所含丰富蛋白质和人体必需氨基酸的含量接近肉类和蛋；含大量膳食纤维，可提高身体免疫力；维生素A可保护宝宝视力，是最适合给孩子食用的好食材！

红枣

号称“台湾苹果”，含丰富维生素C、果糖以及大量膳食纤维，可帮助消化，同时能降低胆固醇、提高人体免疫力以及促进食欲。

3月 惊蛰、春分

西蓝花

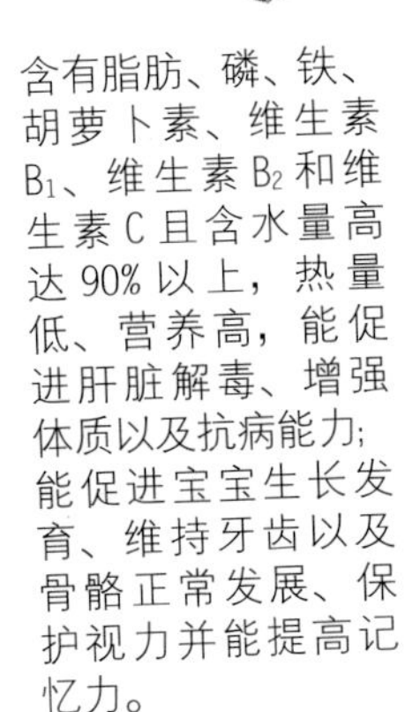

含有脂肪、磷、铁、胡萝卜素、维生素 B_1、维生素 B_2 和维生素 C 且含水量高达 90% 以上，热量低、营养高，能促进肝脏解毒、增强体质以及抗病能力；能促进宝宝生长发育、维持牙齿以及骨骼正常发展、保护视力并能提高记忆力。

大白菜

宝宝肠道健康、视力发育的好帮手；所含锌可提高宝宝的免疫力、促进大脑发育；含大量粗纤维可帮助消化；并具有清肺止咳的作用。

包菜

含有丰富的葡萄糖、维生素 A、B 族维生素、维生素 C、维生素 K 及氯化甲硫氨基酸，对于肠胃虚弱的宝宝，有健肠胃的功能，排便不顺畅或容易便秘的宝宝，也可以经常食用。

洋葱

维生素及多酚含量高，具有抗氧化、抗发炎的功效；假使宝宝有气喘，也可以食用它帮助减轻症状；能帮助提高胃肠道的张力，增加消化液分泌，促进宝宝对铁的吸收，但一次不宜过量食用。

韭菜

称为“洗肠草”的它，是调味的好食材和营养的天然良药，能帮助肠胃蠕动，治疗便秘、增进食欲，并具有杀菌消炎的功效，还能降低伤风感冒的概率。

芥蓝

含有机碱，能刺激味觉神经、增进宝宝的食欲，可加速肠胃蠕动、有助消化；富含维生素 A、C，铁，钾以及膳食纤维等，可预防感冒，是平时保健的好食材。

4月 清明、谷雨

胡萝卜

具有提高人体免疫力、改善眼睛疲劳、贫血等功效；含膳食纤维，吸水性强，能增强肠道蠕动；富含维生素A，能强化宝宝骨骼的发育，有助于细胞增殖与生长。

香菇

富含蛋白质，脂肪含量低，是宝宝感冒时抵抗疾病的最佳食材；所含维生素D以及钙、铁、锌等，都能增强骨骼发育；所含大量维生素C，可杀灭口中有害菌，具有保护牙齿的作用。

毛豆

脂肪含量高于蔬菜；丰富的卵磷脂是宝宝大脑发育不可或缺的营养素；纤维含量高，便秘时可多吃，其中铁质容易被吸收；宝宝很适合食用，可提高食欲！

红薯

是根茎类粗纤维食物，富含糖类与膳食纤维，可谓“通便好助手”，但拉肚子的话就不要吃；可增强人体免疫力。

青椒

维生素C含量特别丰富，能提高宝宝免疫力，促进铁质吸收，预防贫血；其特有的味道能刺激唾液和胃液分泌，能增进食欲、帮助消化、防止便秘，还能杀除宝宝体内的寄生虫。

玉米

维生素含量高；所含膳食纤维能促进肠道蠕动、增强新陈代谢、助消化，防止便秘；宝宝智力与脑力发育时的营养来源之一，还能促进眼睛发育。

2 月

立春、雨水

南瓜泥

材料：南瓜 200 克。

做法：

洗净去皮的南瓜切成片，放入蒸碗，再放入蒸锅，盖上盖，烧开后用中火蒸 15 分钟至熟，揭盖，取出蒸碗，放凉，放入大碗中，压成泥，另取一个小碗，盛入做好的南瓜泥即可。

小小提醒

选购时，以形状整齐、瓜皮呈金黄而油亮的斑纹、无虫害的为主。

菠菜薯泥

材料：菠菜 20 克，土豆 1 个，高汤适量。

做法：

将土豆洗净去皮，放入电炖锅内（外锅 1 杯水）蒸约 25 分钟后备用；菠菜洗净放入沸水中焯烫约 1 分钟，捞出、沥干、切碎；再将两样食材放入果汁机（或调理机）中，并加入适量高汤均匀打泥便可食用。

小小提醒

颜色发青、发芽的土豆不要买，以免龙葵素中毒。

山药香葱泥

材料：山药 30 克，葱 10 克，高汤适量。

做法：

山药洗净去皮磨成泥备用，葱洗净放入沸水中焯烫约 1 分钟后捞起、沥干、切碎，并与山药一同放入锅中加入适量高汤炖煮约 5 分钟后即可食用。

小小提醒

表面有异常斑点的山药绝对不能买，因为这可能已经感染过病害。

蜜枣包菜糊

材料：红枣 1 枚，白米饭 20 克，包菜 10 克。

做法：

包菜仅取叶面部分，洗净后放入沸水中焯烫约 1 分钟取出沥干后切碎备用；枣子洗净对半切、去核，用研磨器磨成泥后，与包菜、白米饭一同放入锅内加水煮沸，待凉后放入果汁机中均匀打泥即可食用。

鸡肉鲜菇蔬菜粥

材料：花菜 20 克，菠菜 10 克，鸡肉 50 克，双孢菇 5 克，白米饭 40 克，高汤 200 毫升。

做法：

花菜、菠菜、双孢菇洗净后放入沸水中焯烫约 1 分钟后捞起、沥干、切碎，鸡肉切碎后放入沸水中氽烫约 5 分钟；锅内放入高汤与白米饭以及上述食材炖煮 8~10 分钟后即可食用。

山药鸡蛋糊

材料：山药 120 克，鸡蛋 1 个。

做法：

去皮的山药切成片，装入盘中，和鸡蛋一起放入烧开的蒸锅中，盖上盖，用中火蒸 15 分钟至熟，取出；山药压烂，鸡蛋剥去外壳，取蛋黄，放入装有山药的碗中搅拌均匀即可。

菠菜洋葱牛奶羹

材料：菠菜90克，洋葱50克，牛奶100毫升。

做法：

锅中注水烧开，放入菠菜，焯煮约半分钟，捞出，放凉；洋葱切成粒状，菠菜剁成末；取榨汁机，选择干磨刀座组合，倒入洋葱粒、菠菜，把食材磨至细末状，即成蔬菜泥；汤锅中注水烧热，放入蔬菜泥搅拌均匀，用小火煮至沸腾，倒入牛奶搅拌均匀，使食材浸入牛奶中，再煮片刻至牛奶将沸即成。

杰克南瓜浓汤

材料：南瓜50克，土豆20克，豌豆仁10克，洋葱10克，蔬菜高汤100毫升。

做法：

豌豆洗净去皮留下豆子，放入开水煮开再沥干切碎或磨泥备用；南瓜去籽去皮后切丁，洋葱、土豆去皮切丁，放入电炖锅内（外锅1杯水）蒸熟后备用；将所有备用食材放入锅内，倒入蔬菜高汤，中小火煮开后即可食用。

小小提醒

豌豆外皮不易消化，用沸水烫煮过后，放入冷水浸泡，就能轻易去除掉！

洋菇芝士饭

材料：大米90克，白灵菇65克，香菇60克，双孢菇40克，去皮胡萝卜70克，西芹50克，芝士粉20克。

做法：

白灵菇、香菇切丁，双孢菇、胡萝卜、西芹切末，大米洗净后用水浸泡8小时；锅中注入800毫升清水，倒入大米、白灵菇、双孢菇、香菇、胡萝卜搅匀，用大火煮开后转小火煮25分钟至食材熟透，倒入西芹拌均匀，续煮10分钟至食材熟软，装碗，撒上芝士粉即可。

小小提醒

一般炖饭是用生米去煮，这里可以用隔夜饭代替；芝士粉可在饭出锅前加入，会更入味。

葱花菠菜双孢菇烘蛋

材料：鸡蛋1个，双孢菇、菠菜各10克，葱花30克。

做法：

将双孢菇和葱洗净、切碎，菠菜洗净后放入沸水中焯约1分钟后捞起、沥干、切碎，鸡蛋打匀；热锅注油，放入葱花爆香后加双孢菇与菠菜继续拌炒，接着放入蛋液每面煎3~5分钟，两面煎熟后即可食用。

小小提醒

对蛋清过敏的宝宝，可以仅使用蛋黄液。

香甜南瓜麦片

材料：南瓜40克，麦片10克。

做法：

南瓜洗净削皮去籽切小块，放入电炖锅内蒸熟，将麦片与开水一同放入锅内煮开，再一同将蒸好的南瓜放入，炖煮至软烂即可食用。

小小提醒

麦片最好不要使用燕麦，容易造成消化不良；也可以将做好的糊放入蒸锅蒸制片刻，制成饼。

南瓜宝宝肉饼

材料：南瓜125克，猪瘦肉50克，蛋黄1个，太白粉（即土豆淀粉）5毫升，橄榄油、白芝麻各少许。

做法：

猪瘦肉剁碎成泥，南瓜洗净蒸熟捣泥，肉泥、蛋黄、太白粉与南瓜搅拌均匀搓成圆形；锅内倒入橄榄油，用中火烹调，用锅铲压扁成饼状，再转小火煎至两面均熟透为止，最后洒上少许白芝麻在肉饼上面，即可食用。

小小提醒

蛋黄对宝宝头脑发育很有帮助。太油腻的猪绞肉，会造成消化不良，建议用猪瘦肉来制作较为妥当。

食谱怎么做？
请扫二维码
洋菇芝士饭
香甜南瓜麦片
葱花菠菜双孢菇烘蛋
南瓜宝宝肉饼

双菜米糊
食谱怎么做？
请扫二维码
西蓝花糊
包菜芥菜汁
韭菜泥
3月
惊蛰、春分

双菜米糊

材料：大白菜、包菜、白米饭各10克，高汤100毫升。

做法：

大白菜、包菜洗净后放入沸水中焯烫约1分钟后捞起、沥干、切碎，并与白米饭、高汤一同放入锅内炖煮3~5分钟，待凉后放入果汁机（或调理机）当中打匀便可食用。

西蓝花糊

材料：西蓝花150克，配方奶粉8克，米粉60克，姜片、葱花各少许。

做法：

汤锅注水烧开，放入西蓝花，煮约2分钟，捞出、晾凉、切碎；选择榨汁机搅拌刀座组合，把西蓝花放入杯中，加入清水，榨取西蓝花汁，倒入汤锅中，倒入适量米粉、奶粉持续搅拌，用小火煮成米糊即成。

包菜芥菜汁

材料：包菜、芥菜各10克。

做法：

包菜、芥菜洗净后放入沸水中焯烫约1分钟后，捞起沥干，再放入开水中煮3分钟，待凉后放入果汁机打匀，过滤杂质取汁后，便可用汤匙喂食。

韭菜泥

材料：韭菜30克。

做法：

韭菜洗净后煮熟，用果汁机搅拌均匀，便可用汤匙喂食。

包菜甜椒粥

材料：大米65克，黄彩椒、红彩椒各50克，包菜30克。

做法：

包菜切碎，红彩椒、黄彩椒切丁，大米洗净后用水浸泡8小时；砂锅中注入清水，放入包菜、大米，炒约2分钟至食材转色，注入适量清水搅匀，用大火煮开后转小火煮30分钟至食材熟软，倒入切丁的红黄彩椒，搅匀，煮约5分钟至彩椒熟软即可。

包菜甜椒粥

芥菜猪肉粥

材料：芥菜20克，猪绞肉50克，白米饭40克，高汤100毫升。

做法：

芥菜洗净放入沸水中焯烫约1分钟后捞起、切碎备用，猪绞肉放入沸水中汆烫约3分钟，将上述备用食材与白米饭、高汤一同放入锅内炖煮5~8分钟，便可食用。

芥菜猪肉粥

小小提醒

若是宝宝还不能吃太硬的米饭，也可直接倒入七倍粥一同炖煮。

包菜萝卜粥

材料：大米120克，包菜30克，白萝卜50克。

做法：

将洗好的包菜切碎，洗净去皮的白萝卜切成碎末，大米洗净后用水浸泡8小时；砂锅中注水烧开，倒入大米搅匀，烧开后转小火煮约40分钟，至米粒熟软，倒入白萝卜拌匀，倒入包菜碎拌匀，略煮至食材熟透即可。

花白菜洋葱胚芽粥

材料：西蓝花、大白菜、胚芽米各10克，洋葱20克。

做法：

胚芽米洗净，用水浸泡约1个晚上（8小时）；西蓝花、大白菜洗净放入沸水中焯烫约1分钟后捞起、沥干、切碎备用；洋葱去皮切碎；锅中放入胚芽米与高汤炖煮至烂，最后放入其他食材略煮后便可食用。

包菜萝卜粥

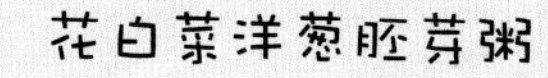

宝宝版苍蝇头炒饭

材料：韭菜、绞肉各50克，胡萝卜20克，白米饭50克，高汤50毫升，食用油少许。

做法：

韭菜洗净切碎，胡萝卜洗净去皮切碎，绞肉入沸水中汆烫至熟；锅内注油放入胡萝卜、绞肉，再放入白米饭、高汤一同拌炒，最后放入韭菜拌炒至熟即可食用。

芥蓝牛肉香菇饭

材料：香菇10克，牛肉薄片、芥蓝各30克，白米饭50克，高汤100毫升。

做法：

香菇洗净切碎，牛肉切碎入沸水中汆烫至熟捞起，芥蓝洗净切碎备用；锅内放入高汤、白米饭以及其他备用食材，炖煮8~10分钟后便可食用。

爆浆鸡肉双菜水饺

材料：韭菜、包菜各50克，鸡胸肉100克，香油、盐、糖各少许，饺子皮适量。

做法：

韭菜、包菜洗净切细碎备用，鸡胸肉切碎加入少许香油、盐、糖，再与叶菜类均匀搅拌，再放入调理机中打匀成为馅料，包入饺子皮当中，放入沸水中煮熟便可食用。

丁香鱼洋葱蛋饼

材料：丁香鱼、洋葱各20克，鸡蛋1个，高筋面粉15克，太白粉5克。

做法：

丁香鱼泡水洗净过滤，洋葱去皮切丁；高筋面粉与太白粉一同倒入搅拌锅内，再打入蛋搅拌均匀，慢慢放入冷水搅拌成稠状，将丁香鱼与洋葱一同倒入搅拌均匀；锅内放油并放入备用好的食材，两面均以小火煎3~5分钟，便可食用。

食谱怎么做？
请扫二维码
宝宝版苍蝇头炒饭
芥蓝牛肉香菇饭
爆浆鸡肉双菜水饺
丁香鱼洋葱蛋饼

4月
清明、谷雨
食谱怎么做？
请扫二维码
胡萝卜玉米汁
胡萝卜泥
青豆胡萝卜蒸蛋
青椒红薯泥

胡萝卜泥

材料：胡萝卜130克。

做法：

将去皮洗净的胡萝卜切段，再对半切开，改切成片，装在蒸盘中；蒸锅上火烧开，放入蒸盘，用中火蒸约15分钟至食材熟软，取出蒸好的胡萝卜；取来榨汁机，选择搅拌刀座组合，放入蒸熟的胡萝卜，搅拌一会，制成胡萝卜泥即成。

胡萝卜玉米汁

材料：胡萝卜、玉米各10克。

做法：

胡萝卜、玉米洗净放入电炖锅内蒸熟后，可以用果汁压榨机，压出汁来，用水1：1地稀释后即可用汤匙喂食。

小小提醒

可用电饭锅蒸熟，煮出来的汁也可以喂食给宝宝；另可用食物研磨器磨、过滤出汁并稀释后再喂食。

青豆胡萝卜蒸蛋

材料：鸡蛋1个，青豆5克，胡萝卜10克。

做法：

青豆、胡萝卜洗净沥干用刀背压碎，放入沸水中焯烫3分钟后捞出沥干，鸡蛋中加入上述食材与冷开水一起拌匀，放入电炖锅（外锅1杯水）蒸熟即可食用。

小小提醒

电炖锅无需把盖子全盖，可留一条小缝，蒸出来的蛋会更漂亮哦！

青椒红薯泥

材料：青椒20克，红薯30克。

做法：

青椒洗净去籽、红薯洗净去皮切块，一同放入电炖锅内（外锅1杯水）蒸熟后，放入果汁机中搅拌均匀即可食用。

五色粥

材料：玉米粒50克，青豆65克，鲜香菇20克，胡萝卜40克，大米100克，冰糖35克。

做法：

胡萝卜、香菇切成粒，大米洗净后用水浸泡8小时；汤锅注水烧开，倒入大米拌匀，用小火煮20分钟至大米熟软，倒入香菇、胡萝卜、玉米、青豆、拌匀，用小火煮20分钟至食材熟透，放入适量冰糖拌匀，煮至冰糖完全溶化即可。

养生时蔬高汤

材料：玉米、胡萝卜各1根，洋葱、西红柿各1个，包菜4~5片，大白菜2~3片，鸡骨架1副，葱适量。

做法：

叶菜类洗净、胡萝卜洗净去皮、洋葱去皮、西红柿与玉米洗净，鸡骨架洗净；锅内注入开水后，将所有食材放入并炖煮约40分钟，关火盖上盖子焖一会，待凉后将所有食材过滤，便可分装高汤，冷藏或冷冻保存。

茄汁多利鱼炖粥

材料：西红柿 1/4 个，青椒 20 克，玉米 10 克，白米饭 40 克，高汤 100 毫升，多利鱼（或鳕鱼）50 克。

做法：

多利鱼（或鳕鱼）洗净放入沸水汆烫至熟后切碎备用，西红柿洗净放入沸水中以便去皮，青椒洗净去籽切碎，玉米用刀背压碎；将白米饭、高汤入锅与上述食材一同炖煮至软烂便可食用。

什锦蔬菜稀饭

材料：红薯 85 克，南瓜 50 克，胡萝卜 40 克，花生粉 35 克，软饭 160 克。

做法：

胡萝卜切成粒，去皮的红薯切条，去皮的南瓜切成片；将装有南瓜和红薯的盘子放入烧开的蒸锅中，用中火蒸 15 分钟，取出，剁成泥状；汤锅注水烧开，倒入胡萝卜粒、软饭，用锅勺压散，拌煮至沸腾，用小火煮 20 分钟，放入南瓜红薯泥拌匀，煮 1 分 30 秒，再倒入花生粉拌煮一会即可。

全麦吐司土豆胡萝卜卷

10~12个月

材料：去边全麦吐司 1 片，土豆 30 克，胡萝卜 20 克，猪绞肉 15 克。

做法：

土豆、胡萝卜洗净去皮切块，与洗净的猪绞肉一同蒸熟打泥；把吐司放在保鲜膜上，备料放在吐司上面卷起来，以牙签固定，再拿掉保鲜膜；将卷好的吐司放入烤箱内，以 180℃烤 3 分钟，依照所需要的大小切块便可食用。

三文鱼青豆肉丝炒面

材料：三文鱼 50 克，青豆、胡萝卜、面条各 20 克，肉丝 40 克，蒜头、姜、食用油各少许，高汤 200 毫升。

做法：

青豆、胡萝卜洗净切碎；三文鱼与姜片一同入电炖锅蒸熟，将三文鱼剔除刺并捣碎；面条煮熟备用；锅内放食用油将蒜头炒香，加入肉丝炒至变色，再将胡萝卜、青豆、三文鱼、面条与高汤一同放入锅内炖煮 8~10 分钟即可食用。

小小提醒

青豆外面的膜比较难洗，建议用过滤筛来冲洗更为方便哦！

什锦鲷鱼烩饭

材料：洋葱 10 克，青椒、鲷鱼片、白米饭各 30 克，玉米、胡萝卜各 20 克，高汤、食用油各少许。

做法：

青椒洗净去籽、玉米洗净用刀背压碎；胡萝卜、洋葱洗净去皮切碎；鲷鱼片洗净放入沸水中汆烫至熟，用汤匙压成泥；锅内放食用油将洋葱烧至金黄色，再放入青椒、玉米、胡萝卜与白米饭拌炒均匀，最后放入高汤、鲷鱼泥煮至收汁便可食用。

小小提醒

用鲷鱼泥代替太白粉勾芡，既有蛋白质的营养又有不同口感，是不错的选择！

意式茄汁鸡肉炖饭

材料：双孢菇 20 克，洋葱 30 克，鸡胸肉 50 克，西红柿半个，鸡蛋 1 个，白米饭 50 克，宝宝芝士、奶油、蒜头各少许，牛奶（或配方奶）100 毫升。

做法：

蒜头、双孢菇、洋葱、西红柿、鸡胸肉切碎备用，鸡蛋打匀；锅中加入奶油小火溶化后，放入洋葱、蒜头拌炒至金黄色，再放入鸡胸肉、西红柿、双孢菇、白米饭与高汤一同炖煮，最后放入宝宝芝士搅匀便可食用。

全麦吐司土豆胡萝卜卷
食谱怎么做？
请扫二维码
什锦鲷鱼烩饭
意式茄汁鸡肉炖饭
三文鱼青豆肉丝炒面

新手爸妈的迷思破除（1）

关于宝贝的头……

Q 剃过胎毛，能让毛发长得又浓又密

前两胎都剃过胎毛，当初完全是因为习俗的关系，听从婆婆的指示要在宝宝出生后第 24 天剃胎毛。至于为什么要剃胎毛，其实我也不太明白，但后来发现，虽然都是从同一个娘胎生出来的，即便都有剃胎毛，但日后长出来的毛发量与质地都大大的不同，老大毛发多又硬，老二毛发少又细，这推翻了剃胎毛会让毛发长得浓密的观点（*之后两胎女儿都没剃过胎毛，也是一个浓密一个稀疏*）。如果真的要剃胎毛，切记剃刀的清洁及锋利度，因为宝宝的肌肤既敏感又细致，若是使用太钝的剃刀反而造成过度的拉扯而伤害头皮。

同场加映

剪睫毛可以让宝宝睫毛又长又翘？这也是坊间盛传已久的传说。事实上毛发的生长跟遗传基因有很大的关系，如果老爸跟老妈的睫毛都不长，那么不管帮宝宝剪几次睫毛，结果还是一样的吧？我是完全没剪过他们的睫毛，反而是在上面涂母乳滋润，不过也没有立竿见影，大概只是心理安慰的作用居多。为了让宝宝睫毛变长而剪睫毛，万一造成伤害或是意外，可是得不偿失哟，请大家三思而后行。

Q 顾好宝宝的头型，趴睡就对了

看过我们家宝贝们头型的家长第一个直觉反应就是问：“他们都是趴睡的吗？”尽管“趴睡就等于顾头型”这种传统说法流传已久，但我却没特意让他们趴睡，而是半夜采用侧卧的睡姿睡觉与喂母乳，边喂边跟着我一起睡。很多妈妈为了宝贝的头型会特意去购买给宝贝睡的枕头，朋友也送过几个给我，但都没使用到。第一是宝宝不喜欢固定在那边，会有像德州电锯发出的嘎嘎声（快把枕头拿开）；第二是宝宝的脊椎骨并没有发育完全，被卡在那里长时间睡觉并不是件好事，反而在两岁成为幼儿后的他们才比较有机会用到枕头。

医学报道曾指出“一岁半前，头都具有可塑性”，宝宝的头盖骨不像成人的骨头是互相融合在一起的，前囟门在大约9个月大到1岁半之间闭合，后囟门在2个月至6个月之间闭合。不满3个月的宝宝，因头部发育尚未完全，为了避免呼吸道阻塞，同时也能预防婴儿猝死症，不建议采用趴睡姿势。

如果暂时趴睡，也请记得将宝宝放在较硬的床铺上，如果床太软，宝宝的身体会陷下去，头部还不能灵活运动，就可能会有跟着陷下去而造成窒息的危险。若是口鼻容易有分泌物的宝宝，可以采用侧卧的睡姿，但记得两边要轮流替换着睡，不然容易使头倾向某一侧。记得只要宝宝的头围在正常发展指数内，头型的大小、圆扁并不会影响他们的健康与智力，他们永远都是我们最爱的宝贝。

维尼妈的母乳经验分享（1）

1 宝宝可以喝母乳到几岁？

我们家老二跟老三都是满 3 岁半自然断乳，对感冒的抵抗力，果然跟只喂了 1 个月母乳的老大有所差别，老二、老三在幼儿园的阶段很少感冒，就算得了感冒也都活力十足。老二有严重的特应性皮炎（旧称“异位性皮肤炎”），更加深了我持续喂母乳的想法（试想：如果当初就这样放弃了，过敏反应会更严重吧），虽然也曾怀疑过母乳到底有没有营养。老二长得又瘦又小，老人家就会劝我让孩子们断奶。但其实“宝宝成长的高矮胖瘦”跟爸妈的基因有绝对的关系，而且他辅食时期也吃得很好，并没有营养不良的迹象，每次的体检也都比过去进步。母乳是越喝越健康，抵抗力也跟着加强，所以想喂到何时，真的是靠宝宝跟妈妈的默契了，答案自在你的心中！

2 避孕 = 喂母乳？如果怀孕了就应该断奶了

这里并不建议大家为了要怀孕而让宝宝提前断奶，除非是宝贝已经准备自动断乳，不然当宝宝还没建立安全感的时候，遇到断奶时的讨抱可能会比用奶来安抚更累；只要没有出血、不规则宫缩，还是可以继续哺乳。建议妈妈多用躺喂的方式哺乳，让宝宝与妈妈一同休息。像我在孕期哺乳的时候，乳头会特别疼痛，这时可以注意宝宝含乳的情形，真的很痛的话可用生产的呼吸技巧来减缓不适。怀孕过程中母乳量可能会慢慢减少，味道也会有所改变，说不定宝宝会因此自然离乳。若决定怀孕而断乳，请记得对宝宝采取温和且循序渐进的方式，“不主动给但也不拒绝”，妈妈的母乳量是可以哺育每一胎的，只要身体、心理的负荷一过去，一切都会顺利！

3 剖宫产的妈妈何时开始喂母乳？

4胎都是剖宫产的我，头一胎只喂了1个月，那时并不像现在倡导母乳哺育，只知道要死命地挤奶，却不知如何增加奶量，加上第一胎手忙脚乱，心情受影响，才头一个月就宣告“乳量破产”！其余3胎，当我还在产床上就开始亲喂母乳。与新生儿亲密接触的头一个半小时之内，是哺乳的黄金时间，能让宝宝吃到初乳，那时妈妈的泌乳素会增加33%，而且宝宝会“自动导航”去找妈妈的乳房，这个动作也能刺激奶水的分泌，因此可以用“母婴同室”的方式来增加母乳。刚开始用手都挤不出来一滴奶的可能会误认为自己是“无奶人”，但宝宝的吸吮能力很强，所以无须过于担心，生产完头一个月是关键。建议妈妈可在怀孕时，就去找提倡母乳喂养的医院或诊所，将自身需求、细节与医生沟通，获得医生的建议，才有助于成功哺乳。

4 妈妈感冒了，就该立即停止喂奶吗？

在第一次喂母乳的时候感冒了，我和所有的妈妈一样紧张，很担心因为自己吃了感冒药，而将药性通过母乳传给了宝宝。但其实妈妈感冒时，不管是不是在亲喂母乳，宝宝都有可能通过空气或飞沫感染到相同的症状。因此，当妈妈感冒了，务必要勤洗手并戴上口罩，避免口沫直接接触到宝宝。最重要的是，一定要记住“感冒时候更要勤喂宝宝母乳”，这时候妈妈会将感冒的抗体，通过母乳传递给宝宝。是不是很神奇啊？宝宝越喝越健康、越喝越强壮呢！当然还有妈妈会问“感冒药可以吃吗”的问题。其实通过母乳会影响到宝宝的药物种类并不多，也可以在看医生的时候让医生知道你“正在喂母乳”，医生会少用可能影响到宝宝的药物。如果真的很担心，也可以把吃药的时间作一下调整，比如喂母乳之后再吃药或在预计宝宝会睡较长时间的那一餐来服药，这些都可以减少药物对宝宝的影响。

第三章

夏季人体心阳旺盛，随着夏日气温升高后，
除了心烦气躁，人体免疫功能也较为低下，
容易引起消化不良或是感染上肠胃炎等常见疾病。
因此，要顺应节气的变化，
适当地为宝宝提升食物的量与质，
才能让宝宝的吸收更营养，快乐过一“夏”！

适合宝宝的“夏季”食材大集合

炙热的仲夏时节，除了要面对高温、注意防晒，还得时时补充水分以免中暑。特别像皮肤疹子、吃坏肚子或是食欲不振，也会是爸妈烦恼的问题。如何从内而外地照顾好身体？利用当季食物，度过一段舒服而快乐的夏季时光吧！

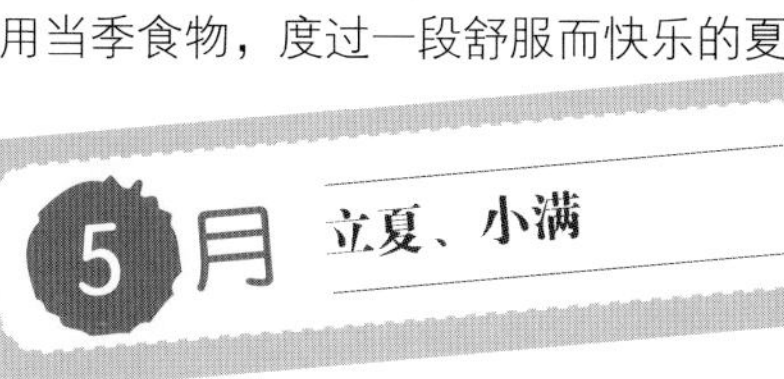

5月 立夏、小满

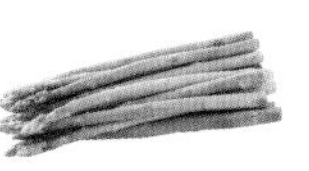

芦笋

可增加食欲、促进宝宝消化功能，同时拥有高纤维素，能提高身体免疫力；且叶酸含量高，有助于促进宝宝大脑的发育；富含蛋白质、多种维生素和钙、磷等，它是国内外公认的“高档蔬菜”哦！

彩椒

炎炎夏日吃不下？可以用它来开胃哦！所含丰富钾元素可保持活力；维生素A可养肝明目，有助于保护宝宝的视力；可补充蛋白质，提高免疫力，并保护血管、大脑、神经、骨骼和牙齿的健康发育。

火龙果

可帮助清除体内的重金属、保护胃壁；富含水溶性膳食纤维，可缓解宝宝便秘；其中铁元素含量比一般水果高，对造血功能有一定的帮助。

冬瓜

炎热的夏天，宝宝胃口下降，食欲不振，妈妈可以熬些冬瓜汤给宝宝喝，补充水分且消暑；冬瓜所含的丙醇二酸，能有效抑制糖类转化为脂肪，加上冬瓜并不含脂肪、热量低，很适合胖宝宝食用。

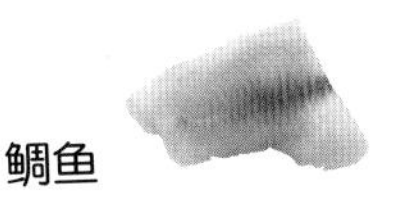

鲷鱼

富含二十二碳六烯酸（DHA）、二十碳五烯酸（EPA）以及维生素、矿物质、氨基酸，能提高吸收消化率。若是宝宝肠胃较弱，感冒之后恢复健康的时候，也很适合食用。同时它是宝宝脑部发育时不可或缺的低脂高蛋白的好食材！

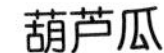

葫芦瓜

能促进骨骼与牙齿的发育；富含维生素A、维生素C、葡萄糖与胡萝卜素，并拥有钙、磷、铁等矿物质和糖类；夏日食用清凉解渴，但属凉性食物，切勿多食。

6月 芒种、夏至

芝麻叶

此为高贵的欧洲蔬菜，现在台湾已经很普遍。含有水溶性钙、铁、锌、锰等矿物质与多种维生素，有促进肠胃蠕动、改善便秘的功效。

黄瓜

处于长牙阶段的宝宝，可以锻炼他们用手来抓着它吃，顺便训练手眼协调能力，同时磨牙能让牙齿更快长出来；可缓解宝宝便秘、增强记忆力、补充宝宝营养、提供活力来源！

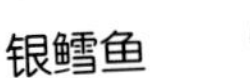

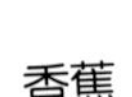

银鳕鱼

银鳕鱼比较适合婴幼儿食用，因为银鳕鱼富含“鱼油”，而鱼油的主要成分是不饱和脂肪酸，其中DHA可以健脑、明目、增强记忆力、促进脑部发育。

香蕉

富含淀粉质，含大量糖类、膳食纤维；所含维生素A能促进生长，增强对疾病的抵抗力，还可以保护视力、促进食欲、帮助消化、保护神经系统；所含的维生素B_2更能促进宝宝的生长和发育。

金针菇

氨基酸含量非常高，并能促进宝宝智力发育；锌含量也高，同时能健脑和促进宝宝发育；具有加速机能代谢和增强机体免疫力的作用，能刺激体内产生更多的抗过敏因子，过敏宝宝也可以吃！

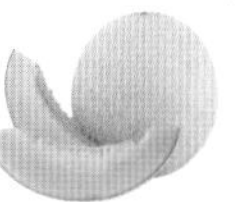

香瓜

含钙、磷、铁等矿物质以及多种维生素，是宝宝成长不可或缺的营养物质；能滋润宝宝肠胃，改善消化吸收和缓解排便不畅，有着“体内清洁剂”的特殊作用。

7月 小暑、大暑

丝瓜

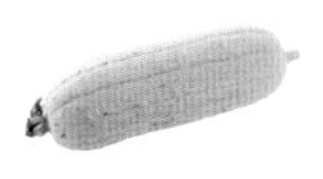

对于消化不良甚至严重便秘的宝宝，吃点丝瓜能有润肠通便的作用，还能有效预防一些寄生虫病。另外感冒、上火、多痰时，也可饮用丝瓜汤下火。丝瓜同时具有清热解毒的作用，可湿润皮肤，减少湿疹、热痱等。

菠萝

含有维生素C、有机酸等营养素；所含蛋白酶可帮助宝宝消化、提高食欲。

苦瓜

可缓解宝宝便秘；所含活性蛋白质有助于人体免疫系统的防御功能，增强抵抗力；可消除暑热以及预防中暑、肠胃炎、皮肤炎等疾病。

红枣

宝宝容易过敏可多吃，但不宜过量；可提高人体免疫力、保护宝宝肝脏、改善贫血，同时还能增强食欲；但枣皮不易排出体外，建议给宝宝吃去皮的红枣。

银耳

此类食材一定要煮烂，或是利用剪刀剪碎后给宝宝吃。可以滋阴润阳，腹泻的宝宝请不要食用；含大量膳食纤维，能促进消化、改善排便，夏天吃可以去火气。

鲈鱼

鲈鱼含蛋白质、脂肪等营养成分，还含有维生素B_2、维生素B_3、磷、铁等物质。鲈鱼血中含有较多的铜，铜能维持神经系统正常的功能并参与数种物质代谢的关键酶的功能发挥。

5月
立夏、小满
枸杞海带冬瓜汤
食谱怎么做？
请扫二维码
火龙果葡萄泥
葫芦瓜蔬食泥
彩椒绿笋泥

枸杞海带冬瓜汤

材料：海带20克，枸杞子少许，冬瓜50克。

做法：

冬瓜去皮切片，海带、枸杞子洗净泡水，汤锅内放入开水后放入上述食材炖煮35分钟，待汤汁呈白浓状即可关火，待凉饮用。

火龙果葡萄泥

材料：火龙果300克，葡萄100克。

做法：

洗好的火龙果切去头尾，切成瓣，去皮，切成小块；取榨汁机，倒入备好的火龙果、葡萄，榨成果泥即可食用。

葫芦瓜蔬食泥

材料：葫芦瓜20克，胡萝卜10克，白米25克。

做法：

葫芦瓜、胡萝卜洗净去皮切丁，锅内放入开水与全部食材一同炖煮至白米软烂，再放到调理机中均匀打泥即可食用。

彩椒绿笋泥

材料：彩椒30克，芦笋10克。

做法：

彩椒洗净去蒂切块，芦笋洗净切条；将上述食材放入汤锅中用沸水焯烫约5分钟，捞出放入果汁机中打泥，适时地加入些许刚焯烫的汤汁，打成泥状即可食用。

鲷鱼吐司浓汤

材料：鲷鱼20克，吐司1片，西蓝花10克，配方奶30毫升，蔬菜高汤适量。

做法：

西蓝花洗净放入沸水中焯烫2~3分钟，吐司去边切丁；将鲷鱼洗净放入汤锅内，倒入蔬菜高汤与其他食材一同炖煮约10分钟；再将配方奶倒入，搅拌汤呈浓郁状，关火即可食用。

彩椒鲷鱼粥

8~10
个月

材料：彩椒20克，鲷鱼50克，洋葱10克，白米饭40克，高汤适量。

做法：

彩椒、洋葱洗净、去蒂、去皮、切碎；鲷鱼洗净放入汤锅内，注入高汤并将上述备用食材一同放入后炖煮约20分钟，再将所有食材放入调理机中均匀搅拌后即可。

冬瓜蛋黄羹

材料：冬瓜200克，熟鸡蛋1个，冰糖20克，水淀粉适量。

做法：

鸡蛋取蛋黄，剁成末；去皮洗净的冬瓜切成丁；锅中注水烧开，放入冬瓜，煮15分钟后，再放入冰糖、蛋黄，搅拌均匀，煮至沸腾，放少许水淀粉拌匀即可。

鲷鱼杂烩粥

材料：红薯、鲷鱼各10克，芝麻叶15克，白米饭40克，适量高汤。

做法：

芝麻叶洗净放入沸水中焯烫，捞出待凉后切碎备用；红薯去皮切丁；汤锅放入白米饭、高汤、鲷鱼与红薯炖煮20分钟后，再放入芝麻叶用大火炖煮，快速搅拌后即可关火食用。

鲷鱼馄饨汤

材料：鲷鱼50克，茭白30克，姜、香菜各5克，蛋白1个，葱30克，馄饨皮、胡椒粉、高汤、盐各适量，太白粉少许。

做法：

茭白切块，香菜洗净切碎，姜去皮切细碎，葱洗净切碎，鲷鱼洗净切碎；将处理好的食材放入搅拌机，再放入盐、蛋白、太白粉搅拌均匀，再放到馄饨皮上两边沾点水包起来，汤锅内放入高汤煮至沸后放入包好的馄饨，待浮上来的时候，最后放入香菜提味即可食用。

双果果冻

材料：火龙果、芒果各100克，洋菜粉5克。

做法：

将火龙果与芒果洗净去皮切块后放入搅拌机打泥，再将水加入洋菜粉放在锅中煮沸，搅拌至洋菜粉完全溶解，再放入双果泥搅拌均匀即可关火，待凉后倒入容器中冷却凝固后即可食用。

小小提醒

放凉之后就要赶紧放入冰箱冷藏，以免太快凝固会影响口感。

四四如意炒面

材料：黑木耳15克，芦笋、猪肉丝各20克，胡萝卜10克，面条30克，白芝麻、盐、油、乌醋、酱油各少许。

做法：

黑木耳、芦笋、胡萝卜洗净切碎；猪肉丝洗净后放入沸水中，汆去血水后捞起切细丝；沸水的汤锅中放入面条煮开后捞起备用，白芝麻敲碎备用；锅内放少许油再放入其他备用食材与面条一同拌炒，放入少许调味料、洒上白芝麻粉即可。

小小提醒

面条可放些橄榄油滋润以免粘住；可用食物剪将面条剪成适合宝宝手拿的大小，训练宝宝手眼协调能力。

彩椒腰果牛肉蛋炒饭

材料：彩椒40克，腰果3颗，鸡蛋1个，熟米饭40克，西蓝花15克，牛肉30克，洋葱10克，大蒜、食用油、盐、胡椒粉各少许。

做法：

彩椒去蒂切丁，腰果拍碎，西蓝花洗净焯烫切碎，洋葱、大蒜切碎，牛肉洗净汆去血水切碎；锅中放油将蛋快速炒熟，再放入大蒜末与洋葱丁炒香，放入碎牛肉、西蓝花、彩椒丁、腰果碎与米饭拌炒，再放入少许盐、胡椒粉即可。

小小提醒

炒饭的蛋入锅后要用筷子快速搅拌以免粘锅，也可放入少许米酒去腥味。

食谱怎么做？
请扫二维码
鲷鱼馄饨汤
双果果冻
四四如意炒面
彩椒腰果牛肉蛋炒饭
食谱怎么做？
请扫二维码

6月
芒种、夏至
双瓜菜菜泥
食谱怎么做？
请扫二维码
帅又高的黄绿红泥
香蕉牛奶糊
苹果香瓜汁

双瓜菜菜泥

材料：黄瓜半条，红薯半个，芝麻叶10克。

做法：

黄瓜洗净切块、红薯洗净去皮切块，两者一同放入电炖锅（外锅 1 杯水）中蒸熟，芝麻叶洗净放入沸水中焯烫约 1 分钟捞起切碎，再将上述食材共同放入调理机或搅拌机中均匀打泥即可食用。

小小提醒

黄瓜本身就是容易出水的食材，如果在打泥过程中没有出很多水，可以适时加入一些开水。

帅又高的黄绿红泥

材料：黄瓜、洋葱、胡萝卜各 20 克。

做法：

黄瓜洗净切块，洋葱、胡萝卜去皮切块，三者一同放入电炖锅（外锅 1 杯水）中蒸熟，再放入调理机或搅拌机中均匀打泥即可食用。

小小提醒

此处应选白洋葱，紫洋葱蒸熟后会变成绿色，用白洋葱就可保证颜色不变。

香蕉牛奶糊

材料：香蕉 1 根，牛奶 100 毫升，白糖少许。

做法：

香蕉去皮，将果肉压碎，剁成泥状；汤锅中注入适量清水，倒入牛奶、白糖，煮至白糖溶化，再放入香蕉泥，用锅勺拌匀，煮至沸腾即可食用。

苹果香瓜汁

材料：苹果、香瓜各半个。

做法：

苹果、香瓜去皮切块后放入电炖锅（外锅 1 杯水）中蒸熟，再放入调理机或搅拌机中打泥，适时加入开水稀释，过筛滤掉杂质即可饮用。

香香芝麻叶炖鸡蓉菇菇粥

材料：枸杞子少许，鸡胸肉20克，芝麻叶、金针菇各30克，白米饭40克，高汤适量。

做法：

枸杞子洗净后用温水泡开；芝麻叶洗净放入沸水中焯烫约1分钟，捞起切碎备用；鸡胸肉放入沸水中氽去血水，捞起后切碎备用；金针菇洗净去老根后切碎；锅中放入高汤、白米饭与上述备用食材一同炖煮10~15分钟后即可关火食用。

金针菇炒蛋

材料：金针菇50克，鸡蛋1个，食用油少许。

做法：

金针菇洗净去老根后切碎，将蛋打入碗中，打散、调匀，放入金针菇一同搅拌；锅中放少许油，再倒入金针菇蛋液两面煎熟即可食用。

黄瓜雪梨汁

材料：黄瓜 120 克，雪梨 130 克。

做法：

洗好的雪梨切瓣，去核，切小块；洗净的黄瓜切丁；取榨汁机，放入雪梨、黄瓜、适量矿泉水，榨取果汁，倒入备好的碗中即可食用。

黄瓜雪梨汁

银鳕鱼蔬菜粥

8~10
个月

材料：银鳕鱼 30 克，包菜 20 克，姜 5 克，胡萝卜、洋葱、西蓝花各 10 克，白米饭 40 克，高汤适量。

做法：

银鳕鱼洗净，胡萝卜、洋葱、姜去皮切丁，西蓝花洗净；将以上食材一同放入电炖锅中（外锅 1 杯水）蒸熟，再放入调理机或搅拌机中均匀打泥即可食用。

银鳕鱼佐芝麻叶炖饭

材料：银鳕鱼50克，苹果20克，芝麻叶30克，洋葱、金针菇各10克，无盐奶油5克，熟白饭50克，高汤300毫升。

做法：

银鳕鱼洗净；苹果、洋葱切小丁；金针菇切碎；芝麻叶洗净焯烫，沥干切碎；锅中放入无盐奶油、洋葱拌炒，再将银鳕鱼煎熟，加入金针菇与米饭拌炒，放入高汤用中火炖煮至收汁，最后加入芝麻叶与苹果丁稍微拌炒并提味即可。

野菇时蔬炒饭

材料：野菇、高汤各适量，银鳕鱼100克，胡萝卜10克，包菜30克，洋葱、黄瓜各20克，白米饭50克，盐、香菇素蚝油酱各少许。

做法：

野菇洗净切碎，银鳕鱼洗净，胡萝卜、洋葱去皮切丁，黄瓜洗净切丁，包菜切碎；锅中放入少许食用油后将洋葱、银鳕鱼干煎至变色，再放入其他食材一同拌炒，放入少许调味料续炒至熟，关火即可食用。

黄瓜鸡丝蛋炒饭

10~12
个月

材料：黄瓜半条，洋葱、甜椒各20克，鸡蛋1个，白米饭半碗，鸡胸肉30克，食用油、盐、胡椒粉、黑芝麻各少许。

做法：

黄瓜洗净切小丁，蛋打匀，洋葱去皮切碎，甜椒洗净去籽切小丁，鸡胸肉洗净汆去血水后切碎；锅中倒入食用油后将蛋液倒入快速拌炒，再放入洋葱拌炒至金黄色，接着放入碎肉、甜椒与黄瓜继续拌炒，并加入少许调味料续炒约3分钟后即可食用。

健康香蕉燕麦片饼干

材料：香蕉2根，苹果半个，松饼粉200克，即食大燕麦片100克，盐3克，豆浆130毫升，蔓越莓干30克，杏仁碎50克，橄榄油30毫升。

做法：

香蕉、苹果磨泥蒸熟；将松饼粉、大燕麦片、香蕉苹果泥和盐混合拌匀，倒入豆浆、蔓越莓干与杏仁碎，加入橄榄油拌成面团，用保鲜膜包住静置约20分钟；再分数小块压平，放置在铺有烘焙纸的烤盘上，刷上少许橄榄油，180℃烤15~20分钟即可。

小小提醒

加热过的水果不易过敏，技巧好的妈妈也可以试着用平底锅煎饼干哦！

黄瓜鸡丝蛋炒饭

银鳕鱼佐芝麻叶炖饭

野菇时蔬炒饭

健康香蕉燕麦片饼干

食谱怎么做？
请扫二维码

7月
小暑、大暑
银耳脆瓜米糊
红凤银耳米糊
蒜蓉丝瓜豆腐煲
红枣枸杞米糊
食谱怎么做？
请扫二维码

银耳脆瓜米糊

材料：苦瓜、银耳各20克，白米饭40克，高汤适量。

做法：
苦瓜洗净去籽去内膜切块，银耳泡温水去杂质去蒂切碎；电炖锅中放入苦瓜、银耳、高汤与白米饭蒸熟，再放入调理机或搅拌机中打成糊后即可食用。

红凤银耳米糊

材料：菠萝、银耳各10克，红枣1颗，白米饭40克。

做法：
菠萝切丁，红枣去核刮泥，银耳洗净泡温水约30分钟后去蒂再放入调理机中打碎；将全部食材一同放入电炖锅（外锅1杯水）中蒸熟，再放入调理机或是搅拌机中均匀打成糊状即可食用。

蒜蓉丝瓜豆腐煲

材料：丝瓜20克，嫩豆腐15克，枸杞子3克，蒜2克，高汤适量。

做法：
枸杞子泡水切碎，蒜切碎，丝瓜去皮切块，豆腐洗净；将全部食材与高汤放入锅中炖煮至熟，待凉放入调理机中打匀即可。

红枣枸杞米糊

材料：米碎50克，红枣20克，枸杞子10克。

做法：
红枣洗净去核，切成丁；取榨汁机，选择搅拌刀座组合，放入洗好的枸杞子、红枣丁、泡发的米碎，搅拌至碎末即成红枣米浆；汤锅上火烧热，倒入红枣米浆，煮至成米糊状即可。

苦瓜菠萝汁

8~10
个月

材料：菠萝肉 150 克，苦瓜 120 克，苏打粉少许。

做法：
锅中注水烧开，放入苏打粉、苦瓜，将苦瓜煮至断生捞出，切成丁；洗净去皮的菠萝切片；将处理好的食材一起放入榨汁机，倒入少许矿泉水，榨出蔬果汁，装入碗中即可。

苦瓜菠萝汁

鲈鱼丝瓜米粥

8~10
个月

材料：丝瓜 10 克，鲈鱼 15 克，枸杞子 3 克，白米饭 40 克，高汤适量。

做法：
鲈鱼放入沸水中汆烫至变色，捞出后用汤匙压碎备用；枸杞子洗净，泡温水约 2 分钟后捞出切碎；丝瓜去皮切碎；将高汤、白米饭与其他食材一同放入电炖锅（外锅 1 杯水）中蒸熟即可食用。

鲈鱼丝瓜米粥

猕猴桃菠萝汁

材料：猕猴桃90克，菠萝100克。

做法：

洗净的猕猴桃去皮，去芯，切成块；洗净去皮的菠萝切成小块；取榨汁机，选择搅拌刀座组合，倒入猕猴桃、菠萝，放入适量矿泉水，榨取果汁，倒入碗中即可。

鲈鱼西蓝花玉米粥

材料：鲈鱼50克，洋葱、熟玉米各10克，西蓝花20克，白米饭40克，高汤适量，姜少许。

做法：

鲈鱼洗净擦干，与姜末一同放入沸水中煮约5分钟，捞出去刺并用汤匙压碎；洋葱、玉米切碎，西蓝花洗净焯烫1分钟后捞出切碎；锅中放高汤、白米饭与其他备用食材蒸熟，再放入调理机或搅拌机中打均匀即可。

牵丝猪肉丝瓜贝壳面

材料：贝壳面 30 克，丝瓜 20 克，低脂猪肉 50 克，洋葱、胡萝卜各 10 克，宝宝芝士 1 片，新鲜香菇 5 克，无盐奶油、胡椒粉、盐各少许，高汤适量。

做法：
丝瓜、洋葱、胡萝卜去皮切丝，低脂猪肉用调理机打细，香菇切丁；锅中放入无盐奶油后将洋葱、胡萝卜、低脂猪肉拌炒至金黄色，加丝瓜、香菇与贝壳面炒，加调料、高汤与宝宝芝士，待汤汁收干后即可。

菠萝蒸饭

材料：菠萝肉 70 克，大米 75 克，牛奶 50 毫升。

做法：
将大米洗净，用水浸泡 8 小时，菠萝肉切粒；蒸锅加水烧开，放入处理好的大米，盖盖，蒸 30 分钟至大米熟软，揭开盖，将菠萝放在米饭上，加入牛奶，继续蒸 15 分钟即可食用。

菠萝海绵宝宝蛋糕

材料：鸡蛋 2 个，砂糖 20 克，低筋面粉 80 克，配方奶（或母乳）120 毫升，菠萝丁、柠檬汁、香蕉泥、苹果丁各少许。

做法：
将鸡蛋与砂糖放入不锈钢锅中用打蛋器打到浓稠即可，再加入过筛的低筋面粉、配方奶、各式水果丁，搅拌均匀后放入碗内（碗里可刷上一些油，制作完后比较好取用），烤箱预热 180℃后放入装食材的碗，烤 25~30 分钟即可。

小小提醒

1. 鸡蛋可选用没冰过的，比较好打匀。
2. 水果可换成自己或宝宝喜爱的。

鲈鱼菇菇炖饭

材料：洋葱 25 克，海鲜菇 25 克，新鲜香菇 1 朵，鲈鱼 50 克，母乳或配方奶半碗，胚牙米饭 50 克，胡萝卜 5 克，包菜叶 1 片，盐、油、胡椒粉各少许，高汤 500 毫升。

做法：
鲈鱼片放入锅中煎熟，放凉后去除鱼刺压碎；包菜叶焯烫 1 分钟，切碎，洋葱、海鲜菇、香菇切碎，胡萝卜切丁；锅中放少许油，加入洋葱、海鲜菇、香菇、胡萝卜与包菜叶炒熟，倒入母乳或配方奶、高汤、鲈鱼与胚牙米饭，拌炒调味即可食用。

S
P
we belong
together
牵丝猪肉丝瓜贝壳面
菠萝海绵宝宝蛋糕
菠萝蒸饭
食谱怎么做？
请扫二维码
鲈鱼菇菇炖饭

新手爸妈的迷思破除（2）

关于宝贝的牙齿……

Q 长牙时期，宝宝半夜会发热、拉肚子

长牙阶段宝宝多少都会感觉不舒服，会出现牙床红肿、口水流得较多或食欲下降等状况。宝宝在长牙时会有不安、焦虑、夜间哭泣等情绪反应与变化，也会比较喜欢咬玩具或手指，容易误食小东西，记得将小东西放在抽屉中、高处或宝宝不易拿到的地方，避免因噎到而窒息。这时可以开始给他们一些固齿器，或是利用干净的纱布沾水冷敷牙齿，按摩并擦拭宝宝红肿的牙肉，也可以给他们咬较硬的蔬果，但要注意是否会有噎到的危险。对于较大的宝宝，可准备一些冰凉的且较容易入口的食物。同时带宝宝晒太阳，吸收自然的维生素 D，促进钙质的吸收。让他们吃些较硬质地的食物，比如小米饼、蔬果棒，以便刺激牙床而利于出牙。

长牙阶段宝宝免疫力开始下降，容易感染疾病。吃到不干净的东西而发热或腹泻或出现其他不适时，最好是先带宝宝去儿科给医生检查，不要自己诊断。开始长牙后就要记得早晚以及用餐过后，用纱布巾擦拭宝宝的牙齿。每半年要定期到儿童牙科免费涂氟来保护宝宝牙齿健康哦！

Q 乳牙中间缝隙大，就该矫正牙齿

齿列的问题，恐怕是另一个惊吓妈妈的事情。生完第一胎的我，也曾被孩子齿缝距离大的问题烦恼过，担心是不是外观不好看、日后得接受矫正治疗等问题，因此还特地带孩子去看了牙科。医生说通常乳牙的排列缝隙都是会比较大，这样反而有利于恒齿长出后的排列，也能让恒齿有空间生长，如果乳牙排列紧密，可能会出现排挤效应，使得牙齿长得较不整齐。爸爸妈妈可以在宝宝长牙的同时，顺便观察他们牙齿的生长状况，这有可能与呼吸道畅通、过敏体质或是长时间吸奶瓶相关。

每个宝宝牙齿的发育速度都不太一样，长牙期间是6个月到3岁（**需长满20颗牙齿**）之间。如果宝宝到了1岁半后都没有长牙，就需要注意先天神经发育状况，这部分的疑虑可以向牙科医师咨询，别紧张得自己吓自己哦！反而是长牙后，我们得要开始注意乳牙清洁的问题，可以采用“纱布擦拭”“指套清洁”与“牙线清洁”这3个方法来帮他们清洁牙齿。千万不要以为乳牙蛀牙没什么要紧，只要等着换牙就没问题了。这过程中，有可能会引发牙龈化脓、蜂窝性组织炎等更多问题。要尽量避免让宝宝提早接触加工食品，吃天然食物更加营养健康哦！

维尼妈的育儿经验分享（2）

1 宝宝便秘怎么办？

维尼妈妈这样做

母乳宝宝一天便 6~8 次，属正常范围。配方奶宝宝喝到过浓或过稀的奶，也会导致便秘。辅食阶段便秘，可试着给宝宝添加含维生素或纤维含量较多的果汁，例如黑枣、苹果和西洋梨，能刺激肠胃蠕动，预防便秘。市售的婴儿果汁并不含果肉，都只是充满糖类的饮料，无法改善其症状，反而容易造成胀气。试着用棉花棒沾点凡士林涂在宝宝肛门周围，可起到刺激肠胃蠕动与润滑的作用。当宝宝的便秘情形已经严重到无法用上述方式改善时，建议去医院给专科医师检查，了解便秘的原因并针对宝宝状况看是否需要用软便剂或采取灌肠的方式协助排便，不可自行买药通便。三餐正常饮食，并养成良好的排便习惯，同时进行适当运动才能促进肠胃蠕动，才是改善便秘的最好方式！

2 宝宝爱抢汤匙吃饭怎么办？

我完全无法接受孩子身上、地板上全都是食物这件事情。但一直喂会发现他们越来越依赖我，不再主动靠自己来吃东西。勤劳妈妈的举动，可能会影响到他们身心发展与独立自主习惯的养成，“宁愿擦一个月的地板，也不愿意喂一年的饭”，奉劝妈妈们就“Let it go”！或许妈妈们可以铺一块塑胶布在孩子的餐椅下。超过周岁的宝宝可以给他们一些婴儿饼干、小馒头、小块红薯甚至全麦面包来练习自己吃，这是一种很好的练习，能让他们享有独立完成吃饭这件事情的成就感，更能增进精细动作、咀嚼吞咽能力以及感觉统合能力哦！如果让他放弃“主动学习”的机会，孩子永远都不可能有长大的一天。把吃的乐趣与主动权还给孩子，我们也可提早乐得轻松，放宽心育儿最重要。

3 宝宝哭就抱吗?

当孩子哭的时候，“观察、了解与回应”是我们给予他们的良好、正向的回馈，能让他们即时感受到安全感与爱。若忽略了，甚至故意不予理会，长此以往可能会对宝宝的脑部发育产生负面影响，“与其两方坚持己见在那边，还不如早点了解彼此需求在哪”。维尼爸用边开车边听古典广播音乐台的方式，找到了小樱桃想睡时，就要用哭来表达情绪的问题。我也曾不断唱着那首摇篮曲，怀里还抱着、轻轻摇晃着要睡不睡的宝贝，在客厅来回走好几回。也可给宝宝来次按摩或洗个澡，他们很喜欢被抚摸的感觉，“先观察生理需求反应，再安抚宝宝的情绪”。若我们能通过宝宝的各种行为即时发现他们的需要，就能加深亲子间的默契，可以让亲子关系更加紧密、零距离。

4 两岁前的O形腿（膝内翻），正常吗?

丹尼尔小时候去公园玩，总是有很多人会疑惑地问我：“他是不是有0形腿？”大家的关心与好奇让我烦躁不安，一开始猜想是不是太早学走路，爬的不够多还是要穿矫正鞋。医生跟我们说：“宝宝的腿形分‘生理性’与‘病理性’0形腿。”因为宝宝在肚子里都是盘坐着的，所以刚出生的婴儿多呈现生理性0形腿。两岁之前都只需观察，无须庸人自扰，等孩子长高了，腿形自然会变得正常。若是上小学之后，孩子腿部变形的角度还是太大或两脚不对称，就建议爸妈带孩子去医院做进一步的检查。不要听信偏方，替宝宝拉直或绑腿矫正，这样反而会使宝宝腿部成长受到阻碍，甚至引发更严重的后续问题与不适，顺其自然才是让宝宝腿部成长发育的最好方法。

第四章

秋季

节气食谱36道

秋天的气候变化较大，早秋湿热，
中秋前后燥，晚秋又以凉、寒为主。
因此，在照顾宝宝起居上应提高警惕，
注意养生与健康营养摄取的平衡。

适合宝宝的“秋季”食材大集合

秋高气爽的时节，秋老虎发威的功力强，早晚温差大。为了抵抗即将到来的严冬，除了维持正在发育中的器官营养平衡外，也可以让宝宝多吃些能增强免疫力的食材。但别造成身体更大的负荷，过与不及都不好哦！

8月 立秋、处暑

茄子

连“皮”都很有营养价值，富含蛋白质、脂肪、糖类、维生素以及钙、磷等，其中的B族维生素和维生素C的组合是增强代谢的主要助手，可保护心血管、抗衰老、防治胃癌；秋后茄子偏苦，脾胃虚寒、气喘者不宜多吃。

梨

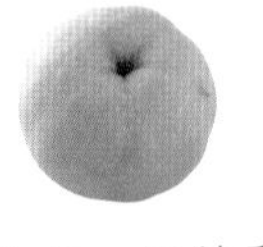

水分丰富，虽然甜但其热量与脂肪含量都低；对容易厌食、消化不良以及罹患肠炎和慢性咽喉炎的宝宝有很好的辅助疗效；能促进血液循环，把血中的钙质传送到骨骼，增强骨钙质。

木瓜

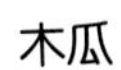

帮助消化的好水果！含有大量水分、糖类、蛋白质、脂肪、多种维生素及人体必需氨基酸，可增强抵抗力，脾胃虚、过敏体质以及月龄较小的宝宝则不宜多食。

牛油果

含多种维生素、脂肪酸和蛋白质，营养价值可与奶油媲美，故拥有“森林奶油”的美誉；其中所含的大量维生素与膳食纤维，有美容保健的功效。

芫菜

含有人体最容易吸收的钙质，对宝宝牙齿、骨骼的生长非常有帮助；含铁量是菠菜的一倍；富含糖类、多种维生素和矿物质，能提供丰富营养，可提高免疫力，故有“长寿菜”之称。

黄瓜

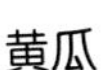

新鲜的黄瓜皮含有丰富的维生素；头尾含有丰富的葫芦素，可增强身体抵抗力；黄瓜性凉，食用可搭配枸杞子、桂圆干等温热食物。

红薯叶

含丰富维生素、叶绿素、钙与维生素A，可维持头发、皮肤、呼吸道及消化道等组织的健康，并能保护及巩固宝宝视力，是一种价格便宜，营养价值却非常高，大人小孩都可以多多食用的上好食材！

9月 白露、秋分

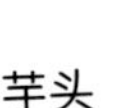

芋头

能增强宝宝免疫力；其中矿物质——“氟”含量较高，具有保护牙齿的功效；含天然的多糖类高分子植物胶体，有很好的止泻作用；给宝宝吃的芋头要炖烂一点，不然容易造成便秘。

秋葵

草酸含量低，对于钙的吸收利用率较高，比牛奶好，对正在发育中的宝宝很有帮助；可预防贫血、有益视网膜发育、保护视力；其中的果胶具有保护皮肤、增加皮肤弹性的功效哦！妈妈吃也可以变美丽！

葡萄

葡萄被科学家誉为“植物奶”，能增进宝宝的食欲、帮助消化，消化能力较弱的宝宝，可以多吃葡萄；从中医的角度来讲，葡萄还能舒筋、活血、补血哦！

猕猴桃

营养价值最高的水果！富含水果中少见的营养成分如叶酸、胡萝卜素、氨基酸、黄体酮与钙等，能减少肠胃胀气、促进生长激素的分泌。选择较成熟的猕猴桃，可减少过敏的概率。

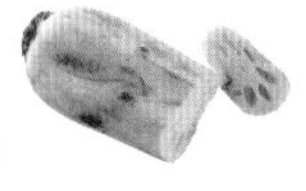

莲藕

含有黏液蛋白和膳食纤维，能增进食欲、促进消化等；但因质地偏寒凉，食用须适量、适当；含铁、钙等矿物质，植物性蛋白，维生素，以及丰富的淀粉，能帮助宝宝补益气血、提高身体免疫力。

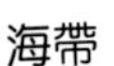

海带

含丰富的碘，是预防甲状腺疾病的最佳食材，也能提升免疫力；丰富的钙质，在宝宝成长过程中，能促进骨骼发育，是不可或缺的好东西哦！

黑木耳

饮食中可较好补充铁的就是黑木耳，比菠菜还高出20倍；喂食的时候，一定要炖得很烂，才容易被肠胃消化吸收，并有补铁的效果！对肠胃虚弱或正在腹泻的宝宝并不合适。

10月 寒露、霜降

海鲜菇

富含多糖体，所含纤维素可促进肠道蠕动、防止便秘；并有增强体力的B族维生素，低脂肪、低热量；其中“铜”的含量对于血液、免疫系统、头发、皮肤、骨骼与内脏的发育都有重要的作用。

甜柿

含有丰富的胡萝卜素、维生素A和维生素C；所含果胶是一种水溶性的膳食纤维，有助排便顺畅，同时能降火气、清热解毒；坊间有加工过的柿子，宝宝吃还是以新鲜的为主，以免吃到不必要的盐与糖，给健康造成负担。

红薯

红薯中含有的赖氨酸能调节体内代谢失衡，促进人体发育，增强免疫功能，对宝宝的身体健康和骨骼发育都有很大的好处，还能帮助宝宝提高记忆力。

鲈鱼

含丰富的蛋白质、维生素A、B族维生素、维生素D及铁等，可预防感冒、增强抵抗力与体力；与西蓝花一同食用，能强化牙齿与骨骼发育；与木耳一同烹煮，有保养肌肤的功效；若是与小白菜一起食用，能促进代谢，有很好的造血功效哦！

黄豆芽

能明目、健脑、通便；维生素B_2可保护视力，维生素C能使发色维持乌黑光亮；所含丰富的磷，是合成卵磷脂和脑磷脂的重要成分，可增强记忆力，同时能够预防口腔发炎。

多利鱼

口感近似鳕鱼的“鲂鱼”，肉质细嫩，无刺、无腥味，烹饪起来非常简单，同时能滋阴养血、补气开胃，老人小孩都可经常食用。

8月
立秋、处暑
红到发紫粥
黄瓜枸杞粥
牛油果土豆泥
梨汁马蹄饮
食谱怎么做？
请扫二维码

黄瓜枸杞粥

材料：枸杞子少许，黄瓜20克，白米饭40克，高汤适量。

做法：

枸杞子洗净后泡开水软化并切碎备用，黄瓜洗净后切细碎备用；锅内放入高汤、白米饭与其他备用食材，小火炖煮8~10分钟后即可食用。

小小提醒

黄瓜皮有刺，食用前可在流动的清水中充分搓洗后，将盐均匀洒在砧板上，两手来回滚动，便可将刺软化，再用清水洗净即可。

红到发紫粥

材料：茄子30克，红椒20克，西蓝花10克，白软饭40克，高汤适量。

做法：

茄子与红椒洗净去蒂切碎待用，将西蓝花放入沸水中煮约1分钟后捞起切碎备用，锅中放入白软饭及其他备用食材一块炖煮5~8分钟，再倒入搅拌器均匀打泥后即可食用。

小小提醒

此类食材水分多，容易出水，所以高汤可以适量加入，避免太稀而没有口感。

牛油果土豆泥

材料：土豆300克，牛油果半个，柠檬汁少许。

做法：

牛油果去核，在果肉的表面涂上少许柠檬汁，以防止果肉变色，再与土豆一块打泥即可食用。

梨汁马蹄饮

材料：梨200克，马蹄肉160克。

做法：

洗净的梨切取果肉，切小块；马蹄肉切小块；取榨汁机，倒入适量的材料，选择第一档，榨取汁水，再分次放入余下的材料，榨取果汁，滤入杯中即可。

小小提醒

马蹄去皮后要浸泡在凉开水中，以免变色，影响成品的美观。

金黄鸡肉粥

材料：木瓜 50 克，鸡柳条 30 克，白米饭 40 克，高汤适量。

做法：

木瓜洗净去皮切丁备用，鸡柳条洗净切碎备用；锅内放入高汤，再将备用食材与白米饭一块倒入，炖煮 5~8 分钟即可食用。

山药鲷鱼苋菜粥

材料：山药 10 克，鲷鱼 50 克，姜 1 片，苋菜 30 克，米饭 40 克，高汤适量。

做法：

姜洗净去皮切片；鲷鱼洗净后上面放姜片一同入电炖锅内（外锅 1 杯水）蒸约 20 分钟，捞起鲷鱼并用木棒捣碎备用；苋菜洗净放入沸水中烫约 1 分钟，捞起沥干切碎；山药去皮切碎丁；锅中放入高汤、米饭、山药与鲷鱼一同炖煮 8~10 分钟，最后放入苋菜用大火煮 1 分钟后即可食用。

三色蛋卷饭

8~10
个月

材料：梨半个，西红柿、黄瓜各 20 克，白米饭 40 克，蛋黄 1 个，牛奶（或配方奶）、食用油各少许。

做法：

梨洗净去皮切碎，黄瓜与西红柿洗净切碎备用，蛋黄放入少许牛奶（或配方奶）搅拌均匀备用；锅中放入少许油并将蛋黄倒入，轻轻画圆制作蛋饼皮备用，另外再放入少许油与备用的食材和白米饭一块入锅拌炒约 5 分钟，最后再放在蛋饼皮上卷起来便可食用。

小小提醒

蛋黄放入牛奶可增加口感，若担心宝宝过敏，也可以不加。

香酥红薯叶粥

8~10
个月

材料：红葱头 2 瓣，红薯叶 50 克，白米饭 40 克，白芝麻少许，高汤适量。

做法：

红葱头去皮切碎后放入锅内，倒少许油炒香；用木棍捣碎白芝麻，红薯叶取叶子部分焯烫 1 分钟；锅中放入白米饭与高汤炖煮 5~8 分钟，再放入红葱头与红薯叶用大火煮 3~5 分钟即可，洒上少许白芝麻更添香气。

小小提醒

略炒过的红葱头会有类似油葱酥的香气，可以增添食欲；也可以直接将红葱头切碎放入锅中煮粥。

甜心梨子猪肉丸

材料：梨半个，胡萝卜50克，芹菜20克，葱5克，猪绞肉100克，鸡蛋1个，香油、盐各少许。

做法：

梨、胡萝卜洗净去皮去籽切碎丁备用，芹菜、葱洗净切碎丁备用，蛋打匀，猪绞肉洗净切细碎备用；将备用食材与蛋黄液搅拌均匀，放入香油和盐，制作成肉丸后放入盘中，放到电炖锅中加热（外锅1杯水）20~25分钟后即可食用。

小小提醒

宝宝的水果版狮子头，甜甜的口味并带有嚼劲，长大了的宝宝很喜欢吃哦！

苋菜蘑菇三文鱼蛋炒饭

材料：苋菜30克，蘑菇、胡萝卜各20克，三文鱼10克，鸡蛋1个，白米饭40克，姜5克。

做法：

姜切片与三文鱼入电炖锅蒸熟后捣碎，苋菜焯烫后切碎，胡萝卜、蘑菇切碎，蛋打匀；锅中加少许食用油并将蛋汁快速拌炒后捞出，再放油，将胡萝卜、白米饭、三文鱼、蛋、蘑菇与苋菜用大火拌炒约1分钟即可。

小小提醒

1. 鸡蛋如何去腥味？在打蛋汁过程中，可放些许白醋去腥味。
2. 蒸熟后的三文鱼能较快清除鱼刺。

火龙果木瓜西米甜品

材料：火龙果100克，木瓜50克，西米露、牛奶各适量。

做法：

将西米露煮开并加入到牛奶中，再将火龙果与木瓜用汤匙挖成小球状；将以上食材搅拌均匀，倒入火龙果壳里便可食用。

小小提醒

火龙果能防止便秘、促进眼睛保健、增强骨密度；用木瓜代替芒果，可降低糖分摄取。

三丁炖饭

材料：猪绞肉30克，莲藕、黄瓜、茄子各20克，白米饭40克，姜5克，食用油、盐少许，高汤适量。

做法：

姜切碎，莲藕、黄瓜、茄子切小丁，猪绞肉剁碎加少许盐与姜搅拌，沸水锅中将莲藕煮3分钟捞起沥干；炒锅内注油，将绞肉放入拌炒至变色，加入备用食材与适量高汤用中火拌炒一会，再放入白米饭滚煮收干即可。

小小提醒

姜末可去除绞肉腥味，也有开胃的效果。

食谱怎么做？
请扫二维码
甜心梨子猪肉丸
苋菜蘑菇三文鱼蛋炒饭
火龙果木瓜西米甜品
三丁炖饭
ENERGY BAR
ENERGY BAR
Cola

9月
白露、秋分
食谱怎么做？
请扫二维码
南瓜芋头浓汤
猕猴桃泥
绿豆海带汤
红枣黑木耳露

猕猴桃泥

材料：猕猴桃 90 克。

做法：

洗净去皮的猕猴桃去除头尾，切开，去除硬芯，再切成薄片，剁成泥，盛入碗中即可食用。

小小提醒

猕猴桃含有维生素、蛋白质、矿物质、果胶，有生津解热的作用，还能滋补强身哦！

南瓜芋头浓汤

材料：南瓜、芋头各 20 克，黄瓜 10 克，高汤适量。

做法：

南瓜、芋头洗净去皮切块，黄瓜洗净切丁；将所有食材放入锅内与高汤一同炖煮至软烂，放入果汁机中打成浓汤糊状便可食用。

小小提醒

黄瓜可用盐搓洗表面，可将皮上的刺清洗干净。

红枣黑木耳露

材料：黑木耳 30 克，去核红枣 2 颗。

做法：

红枣洗净泡水后切小丁，黑木耳去蒂洗净切小丁；将两种食材放入调理机中打匀，再放入汤锅内以中小火炖煮至软烂后关火便可食用。

小小提醒

必须将黑木耳打碎熬煮，才能释放更多营养成分，对于宝宝还没有发育完全的肠胃系统来说，是较好吸收的方式哦！

绿豆海带汤

材料：海带 30 克，绿豆 20 克，红枣 1 颗，陈皮 5 克。

做法：

海带洗净泡好，绿豆洗净后用温水泡开；陈皮、红枣洗净去核，用温水泡开，沥干后切碎；将所有食材放入汤锅内用大火炖煮 20~25 分钟即可食用。

小小提醒

加上白粥便可当主食食用，宝宝有疹子或吃不下饭的时候，有清热、除湿、止痒之效，并可以饮用这道汤品开胃。

芋头大米粥

材料：大米 80 克，芋头 170 克。

做法：

大米洗净后用水浸泡 8 小时以上，芋头洗净去皮切成粒；砂锅中注入适量清水烧开，倒入洗净的大米、芋头粒，盖上锅盖，烧开后用小火煮约 40 分钟至食材熟软，揭开锅盖，略搅片刻，装入碗中即可食用。

小小提醒

大米与水的比例（1 ：2.5）

香苹葡萄布丁

材料：葡萄适量，苹果、鸡蛋各 1 个，吐司两片。

做法：

葡萄洗净，苹果洗净去皮切丁，将两者一同放入搅拌机中打，并过筛取其汁备用；吐司去边切丁，将吐司与蛋黄放入锅中一同搅拌均匀，再放入电炖锅（外锅 1 杯水）中蒸熟，淋上备用的果汁即可食用。

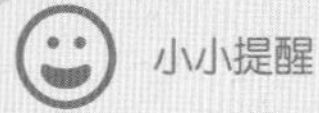

小小提醒

蒸完过几分钟后吐司会较为凝固，也更有嚼劲、更好吃！可选用全麦或五谷吐司，增加口感与风味。

莲藕玉米小排粥

8~10个月

材料：莲藕150克，玉米50克，枸杞子5克，黑木耳30克，猪小排200克，胚芽米40克，姜片少许，高汤适量。

做法：

胚芽米洗净泡开水浸软，莲藕切丁，玉米煮开再切成玉米碎粒，黑木耳切细碎，枸杞子泡开水后沥干切碎，猪小排汆烫捞起洗净；将所有食材放入锅中加入适量高汤炖煮至软烂，拿出姜片，其余放入食物调理机中打泥即可。

小小提醒

1. 猪小排可用猪绞肉代替，将绞肉切细碎即可。
2. 姜可以提味、去腥、开胃。

芋头香菇芹菜粥

8~10个月

材料：芋头50克，胡萝卜15克，新鲜香菇、芹菜各10克，肉丝20克，白米饭40克，高汤适量，食用油少许。

做法：

芋头、胡萝卜洗净去皮切碎丁，香菇洗净去蒂切碎丁，芹菜洗净保留叶子部分切碎，肉丝洗净沥干切碎；锅内放油后加入香菇、胡萝卜与肉丝略炒至变色，再放入芋头、白米饭、芹菜与高汤炖煮至芋头软烂，15~20分钟后即可食用。

黄金芋泥肉丸子

材料：五谷米50克，芋头80克，土豆20克，猪绞肉50克，西蓝花、胡萝卜、洋葱各10克，蛋黄1个，盐少许。

做法：

五谷米事先泡水浸软放入冰箱，芋头、胡萝卜、土豆、洋葱洗净去皮切丁备用，西蓝花洗净切碎，猪绞肉洗净沥干切碎；将以上所有备用材料与蛋黄再加上少许盐一同搅拌均匀，制成肉丸，再放入电炖锅内蒸熟即可食用。

小小提醒

西蓝花容易有小虫，要用流动的水不断冲洗。

香菇牛肉秋葵炒饭

材料：薄片牛肉50克，新鲜香菇、胡萝卜各20克，玉米笋15克，腰果2颗，白米饭40克，黑芝麻、食用油、白胡椒粉各少许。

做法：

胡萝卜洗净去皮切小丁，香菇去蒂洗净切小丁，玉米笋洗净切小丁，牛肉切碎，腰果捣碎；锅内放入少许油，将备用食材放入后略拌炒，最后洒上少许白胡椒粉与黑芝麻调味便可食用。

小小提醒

秋葵要买小而嫩的，这样不会太硬，韧度也刚好；也不要用铜、铁器皿烹饪或盛装，否则很容易变色。

香蕉葡萄汁

材料：香蕉150克，葡萄120克。

做法：

香蕉去皮，果肉切成小块，葡萄去皮去籽；取榨汁机，再加入准备好的香蕉和葡萄，倒入适量纯净水，盖上盖，选择“榨汁”功能，榨取果汁；揭开盖，将果汁倒入杯中即可。

小小提醒

香蕉内含丰富的可溶性纤维，也就是果胶，可帮助消化，调整肠胃功能。

秋葵豆腐丸子

材料：西红柿、猪绞肉各30克，豆腐、秋葵各20克，盐、高汤、米酒各适量。

做法：

西红柿洗净去蒂后切小块，豆腐洗净切小丁，猪绞肉放入碗中用盐调味并搅拌均匀，秋葵洗净斜切小块；汤锅中倒入高汤后放入西红柿、豆腐与秋葵炖煮，此时可以将猪绞肉捏成圆形状放入锅中，待熟后关火即可食用。

黄金芋泥肉丸子
香菇牛肉秋葵炒饭
秋葵豆腐丸子
香蕉葡萄汁
食谱怎么做？
请扫二维码

10月
寒露、霜降
食谱怎么做？
请扫二维码
甜柿蔬菜粥
红薯苹果糊
双豆芽米糊
双豆芽海带蔬菜高汤
LOVE

红薯苹果糊

材料：苹果 90 克，红薯 140 克。

做法：

去皮洗净的红薯切成瓣，去皮洗好的苹果切块；把装有红薯的盘子放入烧开的蒸锅中，再放入苹果，蒸 15 分钟至熟，取出，压成泥，再放入榨汁机中搅打均匀即可。

双豆芽米糊

材料：绿豆芽、黄豆芽各 10 克，白米 50 克，食用醋少许。

做法：

豆芽去根洗净，放入沸水中焯烫 1~2 分钟后捞起，白米洗净后加开水放入电炖锅内（外锅 1 杯水）蒸熟，将熟食材放入调理机或搅拌机中均匀打泥即可食用。

小小提醒

豆芽含水量较高，经不起加热，放醋可让蛋白质凝固，使其不出水、保护营养素及去除豆腥味。

甜柿蔬菜粥

材料：甜柿 10 克，黄豆芽、绿豆芽各 5 克，白米 30 克。

做法：

甜柿去蒂去皮磨成泥；两种豆芽去根洗净后与白米一同放入电炖锅内（外锅 1 杯水）蒸熟，再放入调理机或搅拌机中均匀打泥；最后放入柿子泥后搅拌均匀即可食用。

小小提醒

白米可以直接用煮好的十倍粥代替，就不需再使用电炖锅了；十倍粥：“米：水 =1：10”，如使用已煮熟的白饭，则可“饭：水 =1：9”，即可煮成十倍粥。

双豆芽海带蔬菜高汤

材料：黄豆芽、绿豆芽各 50 克，海带 1~2 片，南瓜 50 克，西红柿 50 克，胡萝卜 50 克，包菜梗、洋葱、西蓝花梗各 1 个，苹果 1 个。

做法：

将所有食材洗净（豆芽去根，胡萝卜、南瓜、洋葱、苹果、西红柿都要去皮去蒂，菜梗与海带洗净），在汤锅内放入开水与备用食材一同炖煮至沸腾，熄火后盖上锅盖焖约 10 分钟，再滤掉食材杂质取其汁食用，可冰在冷冻室保鲜约 1 周。

综合鲜菇牛肉粥

8~10
个月

材料：白米 30 克，海鲜菇、新鲜香菇、杏鲍菇、黄豆芽、胡萝卜各 10 克，牛肉 20 克，高汤适量。

做法：

黄豆芽去根，胡萝卜切丁，菇类洗净后与黄豆芽、胡萝卜一同煮沸捞起；以上食材放入调理机或搅拌机中打碎，汤锅中放入高汤与牛肉煮沸，加白米用小火炖煮至浓稠后，再把打好泥的食材一同加入锅中续煮 3~5 分钟后即可。

小小提醒

菇类富含蛋白质，是一般蔬果的 3~6 倍；含大量膳食纤维，可帮助消化；所含多糖体可增强免疫力。

红薯碎米粥

8~10
个月

材料：红薯 85 克，大米 80 克。

做法：

红薯去皮洗净切成粒，大米洗净后用水浸泡 8 小时以上；锅中注入适量清水，用大火烧开，倒入准备好的大米、红薯，搅拌均匀，盖上盖，煮 30 分钟至大米熟烂，揭盖，再煮片刻，盛入碗中即可使用。

小小提醒

婴幼儿和青少年经常食用红薯，可提高人体对主食中营养的利用率，使身体健康成长。

综合蔬菜猪肉土豆泥

材料：黄豆芽15克，甜椒、猪绞肉各10克，土豆30克。

做法：

黄豆芽去根洗净、甜椒洗净去籽，两者皆放入沸水中烫熟捞起；猪肉放入沸水中汆去血水后捞起，土豆去皮洗净切块后与猪绞肉一同放入电炖锅内（外锅1杯水）蒸熟；最后将食材全都放入调理机或搅拌机中均匀打泥即可食用。

小小提醒

甜椒易出水，打泥时可斟酌着放入开水，以免食物太稀释，宝宝吃了没有嚼劲。

甜柿原味酸奶

材料：甜柿10克，原味酸奶60毫升。

做法：

甜柿洗净去蒂去皮磨成泥，在原味酸奶中拌入甜柿泥即可食用。

小小提醒

1. 酸奶营养等同乳类，可增强宝宝抵抗力、排除霉素；其中乳酸菌可促进肠胃消化蠕动，对于经常便秘、胀气的宝宝有助于排便、增加食欲。
2. 可以买市售的酸奶机来自己做酸奶，更加卫生与营养。

鲈鱼糙米元气粥

材料：鲈鱼、糙米各 50 克，胡萝卜、青豆仁各 10 克，高汤 200 毫升，盐少许，冷压芝麻油 5 毫升。

做法：

鲈鱼洗净、胡萝卜切丁、青豆仁用汤匙压碎，糙米洗净放入开水中浸泡半天后沥干，放入电炖锅中并加入高汤与其他食材蒸熟，加入调味料与芝麻油搅拌均匀后即可食用。

小小提醒

可挑选鲈鱼腹来烹调，并请鱼贩帮忙把鱼头和骨头部分留下来熬高汤。

多利鱼米粉汤

材料：多利鱼（或鳕鱼）、细米粉各 50 克，芋头 30 克，新鲜香菇 1 朵，蔬菜高汤适量，菠菜叶末 15 克，盐少许。

做法：

芋头洗净去皮刨丝，焯烫约 1 分钟后捞起沥干；香菇切小片，细米粉泡温水软化；高汤倒入锅中，放入细米粉煮软，放入芋头、香菇和多利鱼（或鳕鱼）片，加入少许调味料，最后放入菠菜叶末煮沸腾即可。

小小提醒

芋头可刨丝，宝宝吃的时候会比较顺口；或切成丁，可以训练他们的咀嚼能力。

鲈鱼巧达浓汤

材料：糙米（可用五谷米代替）、海鲜菇各 30 克，胡萝卜 50 克，洋葱 10 克，高汤适量，鲈鱼 100 克，配方奶 100 毫升，橄榄油、香菜叶、盐各少许。

做法：

胡萝卜切块，与糙米一同蒸熟；调理机放入高汤与蒸好的食材打成浓汤酱汁；平底锅中放入橄榄油，鱼煎熟，放洋葱丁、细碎海鲜菇，再倒入浓汤酱汁，待糙米煮至软烂后，倒入配方奶、少许调味搅拌，加入香菜叶关火即可。

意式苋菜多利鱼排面

材料：圣女果、罗勒叶各 10 克，蒜 5 克，苋菜叶、意大利面条各 50 克，无盐奶油 30 克，多利鱼 150 克，橄榄油、盐各少许。

做法：

意大利面煮开后放橄榄油以免粘住，蒜、圣女果、苋菜叶、罗勒叶切碎，多利鱼洗净擦干抹上少许盐；锅中放入无盐奶油，蒜煎至金黄色，鱼两面煎熟，放入圣女果、罗勒叶、意大利面条、苋菜叶，待汤汁吸干后即可。

小小提醒

煎鱼的锅要先烧热，等温度下降后，倒油并洒些盐在锅中以免粘锅。面条可用贝壳面代替，训练宝宝自己吃。

鲈鱼糙米元气粥
鲈鱼巧达浓汤
食谱怎么做？
请扫二维码
多利鱼米粉汤
意式苋菜多利鱼排面

新手爸妈的迷思破除（3）

关于宝贝喝水的事……

Q 记得帮宝宝补充水分，以免脱水

当我在喂奶的时候，经常听到很多人建议我要给婴儿喝完奶之后再喝些水，一方面是为了漱口，一方面是怕水分补充不足。但说实在的，不论是喂食母乳或是配方奶的宝宝，除了能从奶水中得到所需的营养（例如蛋白质、乳糖、免疫球蛋白等）外，同时也能获得每日所需的水分（配方奶不就是用水泡制而成的吗？）。加上宝宝肾脏还未发育完全，所以在前 4 个月（尚未吃辅食前），不必特别补充额外水分，水分补充太多反而给身体造成负担。反而是在宝宝吃辅食的时候，可以适时地为他们补充水分，润滑他们的肠胃、稍微清洁吃过东西的嘴以及提供身体所需的代谢量。所以，别心急，放轻松把孩子养大才是不二法门。

Q 宝宝不爱喝水，就给些果汁、蜂蜜、葡萄糖水、电解质水或乳酸饮料喝吧

在养育 4 个宝贝的 10 年时间里，的确曾有婆婆们建议我这么做，在宝宝水中加入葡萄糖增加营养。但事实上这么做对他们的发育以及成长一点帮助都没有，真正能从中摄取到的营养，远低于他们每日喝的母乳或配方奶。这样给予甚至会养成宝宝吃甜食的偏食习惯，也容易让他们发胖。葡萄糖的渗透压太高，可能会让宝宝腹泻。至于蜂蜜水，可能是家长为了要减轻宝宝便秘的不适而给他们适量地喝。但其实对于宝宝并未发育成熟的肠道来说，细菌是不能被彻底消除的，还有可能在肠道中继续繁殖以及分泌霉素。其中的肉毒杆菌最为严重，会释放出特殊的神经霉素，造成婴幼儿呕吐、呼吸困难、言语不清、视力模糊，甚至死亡。记得，宝宝 1 岁之前“千万”不能给予蜂蜜水哦！果汁是提供宝宝维生素营养的来源，但请记得使用由新鲜水果制作而成的果汁，而不是市售的一般浓缩果汁，因为里面含的果汁量很少，还可能有防腐剂。初期（6~8 月）给予宝宝果汁 1 天的量不要超过 50 毫升，刚开始 1 天喝 1 汤匙即可，以 1 周为单位，每周增加 1 汤匙，无需另外加糖来增加口感，喝天然的最好，以免影响宝宝母乳或配方奶的摄取。

我们家宝贝曾有过发热后的癫痫症，医生说那是电解质不平衡所造成的反应。那时候灵机一动，想去超市买市售的运动饮料（里面含有电解质），但后来医生说里面的糖分含量多过电解质。标准电解质水仅在药局贩售，虽然价格甚高，但经过专业设计，能真正帮助电解质在体内吸收。至于乳酸饮料，其大多成分还是以糖为主，糖吃多了对大人、小孩的身体都会有影响，所以能拖多久是多久，尽量还是喝水最好！

维尼妈的母乳经验分享（3）

1 母乳妈妈可以染发吗？

如果染发会让自己心情变好，而且宝宝月龄也比较大了（至少已经开始吃辅食），那么能让自己变得更漂亮又开心，这又有何不可呢？但请记得在染发前，充分地跟设计师沟通，在染发前做好头皮隔离、染剂不碰头皮、头皮不要有伤口、染剂好坏的选择……这些都是需要被考虑到的，我想这个答案是可以自己给的。在染完发后尽量不要让头发触碰到宝宝，同时亲喂母乳之前可先挤掉一些母乳。总之，不要让自己染了后悔，不染又难过，想去做就去做吧！

注：哺乳妈妈使用护发产品，如染发或烫发，并不会对母乳宝宝造成任何影响。但哺乳妈妈使用护发产品时，部分化学成分会被宝宝的皮肤吸收。如果宝宝的头皮健康而且没有任何损伤，化学成分吸收的程度会比皮肤或头皮有抓破或擦伤的来得小。

2 母乳宝宝喝奶时间也该规律

现在事情大多都用简单表格化来整理，瓶喂宝宝也许真的比较适合照表操练，但亲喂母乳的宝宝，想喝就让他们喝吧！宝宝有吃的本能，聪明的他们不会让自己有饿到的可能。我们家的母乳“无尾熊”经常挂在我身上，把我当成安抚奶嘴。母乳本就好消化，宝宝胃又小，适合“少量多餐”的进食法，大约 3 个月后这个情况会逐渐好转，也会慢慢拉长宝宝喝奶的时间。这期间虽然辛苦，但我的确是个“提倡 24 小时让宝宝无限畅饮”的妈妈，不想刻意训练他们什么时候该喝、什么时候不该喝。总之不会吃不饱就好，不要一直说什么要训练宝宝，他们才刚出生，对这世界、气息与周遭环境都是如此陌生。总是会找到平衡点，你一定也可以的！

3 为什么宝宝一直哭？吃不饱还是没安全感？

哭是生理或心理的表达方式，不会说话的宝宝，对外唯一的沟通方式就是“哭”。若是肚子饿，试着碰碰宝宝的嘴唇，当他歪过头去找东西时，就表示他饿了！而遇到宝宝的“成长冲刺期”，通常这几天都会特别想喝奶，既然他需要，我们就满足他们吧！遇到外界的刺激，有些宝宝是很敏感的，带出门后回家来就比较容易哭闹，试着用躺喂方式哺乳，轻轻地拍拍他们，在他们耳边小小声地说说话。另外，宝宝很累很想睡的时候，也会比较容易哭闹，过多的刺激与抱抱反而可能让他们更不舒服。有时候妈妈吃得食物太刺激，宝宝也会变得烦躁、焦虑。而宝宝不明原因的“肠绞痛”狂哭时期，也是我曾遇过的。人都是有情绪的，何况是还不会说话表达的宝宝。

4 自然断乳不是难事

维尼妈妈这样做

老二跟老三都在3岁半自然断乳，我曾试过涂辣椒酱、劝说、直接不给的方法，但在这个过程中我与宝宝都是不开心的。用责骂与拒绝来代替鼓励与沟通，被训练突然断乳的宝宝，可能会有被遗弃的感觉。而当他们自己决定不喝的时候，再怎么强迫他们都会断然拒绝，反而是妈妈会变得很失落（笑）。先生们，请记得多关心、疼爱自己的老婆，当她们咬着牙把一切辛苦都揽在自己身上时，她们要的只是拥抱与支持，你的理解，会让这条母乳之路走得更有信心。最后我要跟正在喂母乳的妈妈们说声：“你们辛苦了！加油！”但你们并不孤单与寂寞，母乳是给宝宝的第一份礼物，让这无限的爱给宝宝最全方位的呵护与疼爱，你们将会享受“倒吃甘蔗”般的轻松。加油，我们一起走！

第五章

冬季

节气食谱36道

当进入立冬的节气，就代表着一年即将迈入结束的阶段。
很多大人都趁着这时候开始进补，但别以为宝宝也需要补一下。
只需挑选这个节气中的当季食材，让宝宝正常吃就可以了。

适合宝宝的“冬季”食材大集合

在这东北季风转强的同时，天气变化更明显，日夜温差更大，流行性感冒也随之而来。请特别注意保暖工作，别让感冒影响了全家人的健康与宝宝的生长发育哦！

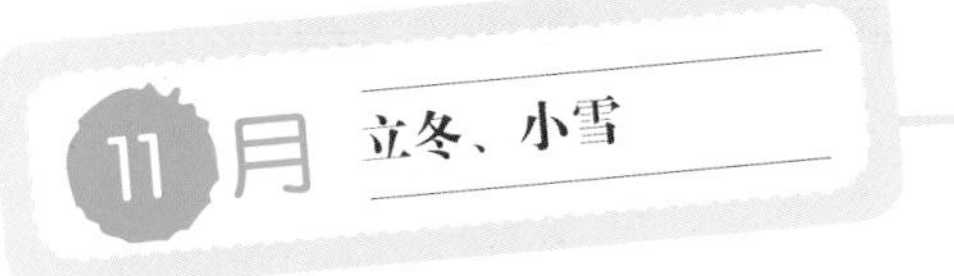

皇帝豆

膳食纤维与铁含量高，并拥有丰富的蛋白质，可以预防贫血；所含磷，是构成骨骼与牙齿的元素；还能增强身体新陈代谢，是生长发育不可或缺的好食材哦！

四季豆

含膳食纤维，能促进消化、开胃并能增强肠胃功能；促进骨骼、脑部发育，提高新陈代谢、增强免疫力；维持牙床的健康发育；能明目养眼，促进良好视力的形成；能提高记忆力，促进注意力的集中。

牛蒡

属保健型蔬菜，拥有“台湾高丽”的美誉。其钙含量是根茎类蔬菜之首；所含维生素A能清除体内垃圾，预防肿瘤，治疗夜盲症，保护视力。

芹菜

芹菜叶比茎的营养高很多倍！含有蛋白质、脂肪、糖类、膳食纤维、钙、磷、铁等多种营养成分；蛋白质含量比一般的瓜果蔬菜的高1倍，铁含量是西红柿的20倍；也能增进食欲。

鸡腿菇

鸡腿菇具有高蛋白、低脂肪的优良特性，且口感滑嫩，清香味美，经常食用有助于增进食欲、增强人体免疫力，是大人、小孩不可或缺的好食材。

豌豆苗

含有人体必需氨基酸以及较多粗纤维，可促进肠胃蠕动、帮助消化，但脾胃虚寒、消化功能不佳或严重胀气者则不要多吃哦！

紫背菜

又称为“红菜”，属凉性蔬菜，中午吃比较适合，寒性体质食用会觉得不适，故建议可以搭配姜食用；含丰富铁质、具有造血功效，可改善贫血，还能增强免疫力；所含钾可促进体内的水分代谢；其植物钙质比牛奶还高。

12月 大雪、冬至

白萝卜

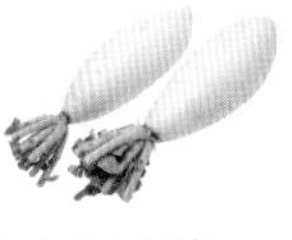

“冬吃萝卜夏吃姜，一年四季保平安！”有“小人参”的美誉，膳食纤维含量较高，可促进肠胃蠕动；感冒时吃能有止咳化痰的功效；轻微腹胀、腹泻者亦可食用。

秀珍菇

蛋白质含量比一般香菇、草菇要高，介于肉类与蔬菜之间，并拥有多种人类无法自行合成的必需氨基酸；所含多糖体，可增强免疫力；对于脾胃不好的宝宝来说，可选用这种食材来入菜。

橙子

汁多肉甜，既能生食，又可入菜，可去腥味，有提鲜香的作用；膳食纤维可帮助排便，含维生素A、B族维生素、维生素C、磷以及苹果酸；柑橘类水果中橙子是抗氧化能力最强的，可增强免疫力。

三文鱼

拥有丰富蛋白质、铁、钙、不饱和脂肪酸、各种维生素、矿物质以及宝宝成长发育所需要的二十二碳六烯酸（DHA），还含有与免疫功能有关的酶，营养价值非常高。

小白菜

是蔬菜中含矿物质和维生素最丰富的菜，所含的钙、维生素C、胡萝卜素都比大白菜的要高，糖类含量又低于大白菜的；可增强抵抗力，对宝宝眼睛的视力发育也有相当大的帮助哦！正在腹泻或是脾胃不适的宝宝就先暂停食用。

空心菜

富含膳食纤维，可促进肠胃蠕动；所含维生素C可保护牙床的健康，促进良好视力的形成；加上丰富的钙质，在宝宝骨骼发育的过程中，可提供足够的营养；烟酸可增强记忆力，保护脑部的正常功能，更能促进脑部的健康发育哦！

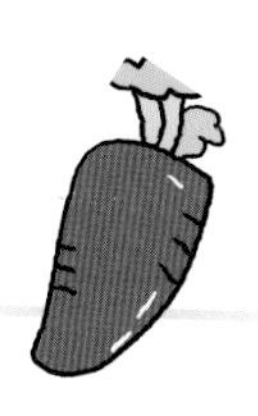

1月 小寒、大寒

豆腐

含蛋白质、大豆卵磷脂，对宝宝神经、血管以及大脑的生长发育非常有益；也能防止口腔溃疡，并能补充宝宝在身体虚弱或食欲不佳时的精力；其中的钙，也能让宝宝骨骼与牙齿的发育更健康。

上海青

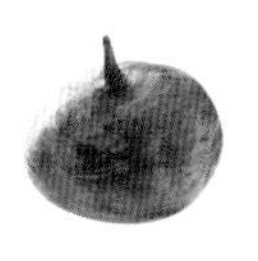

含丰富的叶黄素、β-胡萝卜素，可巩固视力，维持牙齿、骨骼的强壮，很适合宝宝食用哦！

甜菜根

被称为“生命之根”，在古代英国的传统医疗方法中，是用来治疗血液疾病的重要药物；容易消化，也有助于提高食欲，头痛的人吃它也可以缓解不适。

豌豆

所含铜有助于增进宝宝的造血功能，帮助骨骼和大脑发育；铬则是有利于糖类和脂肪的代谢；另外豌豆中所含的维生素C更是在所有鲜豆当中名列榜首哦！

花菜

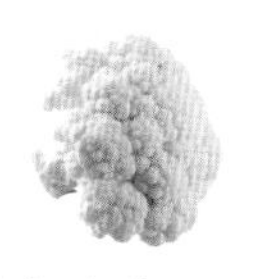

古代西方人称之为“天赐的良药”和“穷人的医生”，可维持宝宝牙齿及骨骼的正常发育、保护视力与增强记忆力！含丰富的胡萝卜素与维生素C，可说是营养满满的好食材哦！

结球莴苣

结球莴苣含铁量高，能预防贫血，还能促进人体血液循环、皮肤与毛发指甲的发育；能促进食欲、改善便秘；所含维生素K、维生素D和钙，可以促进骨骼发育。

11月
立冬、小雪
食谱怎么做？
请扫二维码
猪骨皇帝豆薯泥
紫背菜芹菜泥
四季豆豆泥
Milk and Cream
牛蒡高汤

紫背菜芹菜泥

材料：紫背菜80克，芹菜20克，热高汤50毫升。

做法：

将紫背菜、芹菜切成段，放入沸水锅中焯煮至熟，捞出，晾凉，放入搅拌机中，倒入热高汤，打成泥状，盛入碗中即可。

猪骨皇帝豆薯泥

材料：皇帝豆20克，土豆30克，猪骨高汤50毫升。

做法：

皇帝豆洗净，土豆洗净去皮与皇帝豆、猪骨高汤一同放入电炖锅内（外锅1杯水）蒸熟，再将蒸煮食材放入果汁机（或调理机）中打泥即可食用。

四季豆豆泥

材料：四季豆50克，青豆20克，土豆30克，高汤80毫升。

做法：

土豆洗净去皮切块备用，将青豆与四季豆洗净后与土豆、高汤一同放入电炖锅内（外锅1杯水）蒸熟，最后放入果汁机（或调理机）中打泥即可食用。

牛蒡高汤

材料：牛蒡300克，干香菇50克。

做法：

牛蒡外皮刷洗干净，不去皮的话直接切片，干香菇洗净后与牛蒡一起放入装水的锅中，盖上锅盖用大火煮至沸腾即可关火焖，待冷却之后，将牛蒡与杂质滤出即可食用，多余高汤可分装入冰箱冷藏或冷冻。

小小提醒

牛蒡具有清热解毒功效，可以舒缓感冒时喉咙痛的症状，同时也是宝宝造血所需大量铁质的来源之一哦！

鸡肉鸡腿菇粥

材料：鸡腿菇、芹菜、包菜、胡萝卜各10克，鸡肉15克，白饭40克，高汤200毫升。

做法：

鸡肉、鸡腿菇汆熟后切碎末；芹菜切细丁，包菜切丝，胡萝卜切碎；将高汤与白饭一起用小火熬煮成粥，再加入以上食材继续熬煮5~8分钟即可食用。

四季豆牛蒡粥

材料：牛蒡50克，四季豆50克，白米饭40克，高汤适量。

做法：

牛蒡去皮切成小粒，四季豆切成粒；锅中注入高汤烧开，放入牛蒡、四季豆、白米饭，煮20分钟至熟，盛入碗中即可。

小小提醒

1. 牛蒡膳食纤维含量多，容易便秘的宝宝可以适量多食。
2. 四季豆一定要烹饪彻底熟透才能食用，不然容易中毒。

鸡蓉豌豆苗粥

活力红糙米粥

鸡蓉豌豆苗粥

材料：豌豆苗20克，鸡胸肉30克，红椒10克，白米饭40克，高汤200毫升。

做法：

红椒洗净去籽，切细碎备用；鸡胸肉去脂肪与筋后放入沸水中汆烫至变色，捞起再切碎备用；豌豆苗洗净后放入沸水中焯烫约1分钟后捞起沥干，切碎备用；高汤放入锅内，加白米饭与其他食材，用小火续煮8~10分钟后即可食用。

小小提醒

豌豆苗叶子上含有较多水分，不宜长期保存，建议现买现做，或用餐巾纸包着放入保鲜袋，置于冰箱冷藏。

活力红糙米粥

材料：紫背菜、胡萝卜各20克，糙米、白米各10克。

做法：

糙米与白米蒸煮（内锅5杯水、外锅1杯水），同时可将胡萝卜切块一同放入电炖锅蒸熟，紫背菜焯烫沥干切细碎，等米煮熟后，可将蒸熟的胡萝卜、紫背菜一同放入果汁机（或调理机）中打泥，放入煮好的糙米粥即可食用。

小小提醒

1. 泡水的米可放冰箱冷藏，以免室外温度太高，引发黄曲霉毒素的问题。
2. 选择方法：叶面尽量完整，颜色要鲜明，茎硬挺直易折断者为佳。

四季豆末炖鲜菇鸡芝士饭

材料：四季豆、新鲜香菇各30克，鸡柳50克，宝宝芝士适量，五谷米50克，高汤200毫升。

做法：

四季豆洗净，掐头去丝切碎备用；鸡柳洗净后放入沸水中汆烫至变色，捞出沥干切碎备用；新鲜香菇洗净切丁备用；五谷米先浸泡2~3小时，再放入电炖锅内（外锅1杯水）蒸熟备用；将锅内放入高汤与综合饭及其他食材，用中小火炖煮10~15分钟，在汤汁收干前放入宝宝芝士收干即可食用。

蒜香核桃豌豆苗粥

材料：核桃肉15克，蒜头2瓣，豌豆苗20克，白米饭40克，高汤200毫升。

做法：

将蒜头去皮切碎、核桃拍打至碎后备用，豌豆苗洗净沥干切碎，核桃与蒜头放入锅内用小火干炒约5分钟，再放入豌豆苗与高汤一起拌炒，加米饭炖煮8~10分钟即可食用。

小小提醒

若是担心核桃颗粒太大难以入口，也可以事先用调理机打成细粉。

蔬菜松饼

材料：鸡蛋1个，胡萝卜、豌豆苗各10克，上海青15克，洋葱20克，低筋面粉60克，奶油少许，牛奶（或配方奶）20毫升，糖适量。

做法：

胡萝卜、上海青与豌豆苗焯煮后沥干，切碎末备用；洋葱切细碎备用；低筋面粉过筛后放入糖、牛奶，打入蛋液，再加入以上备用食材搅拌，制成松饼糊胚；平底锅放入奶油块，溶化后放入松饼糊胚，每面煎大约半分钟，两面煎熟即可食用。

小小提醒

如果对蛋有疑虑，可先只给蛋黄，等到1岁之后再全部给宝宝食用。

红豆牛蒡炖肉饭

材料：红豆、牛蒡各20克，胡萝卜、猪绞肉各30克，白米饭40克，高汤300毫升。

做法：

猪绞肉洗净后沥干切碎备用；胡萝卜洗净去皮切细丁备用；牛蒡洗净后去皮切细丁备用；锅内放入高汤、白米饭、煮好的红豆以及其他备料，用中小火炖煮10~15分钟即可食用。

小小提醒

红豆事先浸泡约2小时，可直接放入电炖锅内蒸熟（外锅1杯水）备用。

食谱怎么做？
请扫二维码
蒜香核桃豌豆苗粥
四季豆末
炖鲜菇鸡芝士饭
红豆牛蒡炖肉饭
蔬菜松饼

12月
大雪、冬至
食谱怎么做？
请扫二维码
萝卜糯米糊
蘑菇空心菜泥
巩固视力双拼粥
萝卜综合高汤

蘑菇空心菜泥

材料：空心菜 50 克，蘑菇 20 克。

做法：

蘑菇洗净后放入沸水中煮熟后捞起，将空心菜洗净后放入沸水中焯烫约 1 分钟后捞起，再将两样食材放入果汁机中打碎成泥即可食用。

小小提醒

可在蔬菜泥中加入高汤调味；害怕蔬菜泥不好消化，可以煮成蔬菜汤。

巩固视力双拼粥

材料：小白菜 30 克，胡萝卜 20 克，白米饭 40 克，高汤 200 毫升。

做法：

小白菜洗净后放入沸水中焯烫约 1 分钟，捞起沥干切碎备用；胡萝卜洗净去皮切块，放入电炖锅中（外锅 1 杯水）蒸熟备用；白米饭与高汤一同入锅炖煮至粥，再将所有备好的食材放入果汁机（或调理机）中打泥均匀后即可食用。

萝卜糯米糊

材料：糯米 150 克，白萝卜 90 克。

做法：

糯米用水浸泡 8 小时备用，去皮的白萝卜切成丁；奶锅注水烧开，倒入糯米、白萝卜搅散，烧开后转小火煮约 45 分钟，盛出白萝卜粥；备好榨汁机，倒入白萝卜粥，待机器运转约 1 分钟，搅碎食材，倒出萝卜糊，滤在碗中；奶锅中倒入萝卜糊，边煮边搅拌，待食材沸腾即可。

萝卜综合高汤

材料：白萝卜 100 克，鸡骨 300 克，猪排骨 200 克，苹果 50 克，海带 1 片，包菜 50 克，葱 2 根，姜 3 片。

做法：

猪排骨与鸡骨入沸水锅中汆去血水后冲洗干净，白萝卜、苹果切块，海带、包菜、葱洗净，姜切片；锅内放入 1800 毫升水后加入以上食材用大火煮约 40 分钟，再转小火盖上锅盖续煮 2~3 小时，待汤汁呈现乳白色后关火即可。

小小提醒

使用两种骨食材的用意是让汤头浓稠适中；加入葱或姜片能让口味更加香甜。

秀珍菇芦笋粥

材料：秀珍菇 50 克，芦笋 20 克，白米饭 40 克，高汤 200 毫升。

做法：

秀珍菇洗净切碎，芦笋洗净后放入沸水中焯烫约 1 分钟后捞起，将两样备用食材放入果汁机中搅碎后，再与白米饭、高汤一同放入锅内煮 5~8 分钟即可食用。

可将芦笋去皮，这样宝宝咀嚼的时候不会感觉太刺。

鸡汁秀珍菇肉粥

材料：秀珍菇 50 克，鸡胸肉 30 克，豌豆、玉米各 10 克，五谷米 40 克，高汤 200 毫升。

做法：

秀珍菇、豌豆、玉米洗净切碎备用；鸡胸肉洗净用沸水汆烫至变色，捞出沥干并切细碎备用；五谷米事先浸泡 2~3 小时；锅内放入高汤并将上述备用食材一同放入炖煮约 10 分钟后即可食用。

宝宝面疙瘩

宝宝面疙瘩

8~10个月

材料：土豆 200 克，鸡蛋 1 个，面粉 100 克，橙汁 20 毫升，宝宝芝士两片，黑胡椒、盐各适量。

做法：

将煮好放凉的土豆压成泥与打匀的蛋、宝宝芝士、研磨过的胡椒粉、过筛后的面粉和橙汁一同搅拌，制成面糊；砧板洒上少许面粉，将面糊揉成面团，再揉成长条型并切成 1.5~2 厘米大小，然后用叉子背面滚压一下即可；想吃时用沸水煮熟即可。

小小提醒

分装时平放装进袋子里冷藏，才不会让面团纠结在一块。

空心菜牛肉粥

空心菜牛肉粥

8~10个月

材料：牛肉丝 50 克，空心菜 20 克，白米饭 40 克，高汤 200 毫升，枸杞子少许。

做法：

将枸杞子洗净后放入热水中泡开备用；空心菜洗净后放入沸水中焯烫约 1 分钟，捞起沥干切碎备用；牛肉丝洗净后放入沸水中汆烫，再放入果汁机（或调理机）中打碎后备用；将以上食材与白米饭、高汤放入锅内一起炖煮 8~10 分钟后即可食用。

食谱怎么做？请扫二维码

小小提醒

牛肉因近年来施打抗生素、激素，会残留在肉里面，所以购买时仍须注意产地来源与相关检验证明。

香橙牛肉炖饭

材料：橙子 50 克，牛肉薄片 10 克，黄瓜、红椒各 30 克，葱、橄榄油各少许，白米饭 40 克，高汤 100 毫升。

做法：

橙子、黄瓜、红椒切丁，牛肉薄片切细丁，葱白、绿分别切碎；锅内放入少许橄榄油，加葱白碎末拌炒，放入牛肉、黄瓜与红椒用大火快炒，将高汤倒入炖煮，至汤汁收干前放入橙子与葱绿快炒约 1 分钟关火即可。

小小提醒

橙子最后放，过度烹煮会让口感变酸，肉质变硬；或可以事先把橙子榨汁，果肉部分留着拌炒用。

黑白双菇牛肉饭

材料：牛肉薄片 15 克，秀珍菇、鸡腿菇各 30 克，葱段 10 克，蒜头 2 瓣，青椒 20 克，白米饭 40 克，橄榄油、盐各少许。

做法：

秀珍菇、鸡腿菇、葱段切碎；青椒洗净去籽，切细碎；蒜头拍打碎；牛肉薄片切碎；锅内放油将蒜头与葱白炒香，再放入白米饭、盐及备用食材开中火快炒，最后放入葱绿部分用锅内余热拌炒 30 秒后关火即可。

小小提醒

葱白与葱绿分别切碎备用。

小白菜三文鱼焗饭

材料：小白菜 20 克，三文鱼 40 克，玉米 20 克，红椒、蘑菇各10克，高汤100毫升，姜 2 片，白米饭 40 克，宝宝芝士适量。

做法：

小白菜、蘑菇、玉米焯烫沥干切碎；三文鱼上面放姜片后入电炖锅蒸熟，可去腥味并轻松将鱼刺去出；红椒去籽切碎；将所有备用食材与白米饭放入碗内，铺上宝宝芝士后放入烤箱内用 180℃烤 20 分钟即可食用。

小小提醒

玉米尽量用新鲜的，钠含量会比较低，如果真的要用罐头或是冷冻玉米，请记得先用热水稍微烫下，可减少钠的含量。

土豆面疙瘩佐豌豆核桃橄榄

材料：豌豆 50 克，葱 10 克，蒜头 2 瓣，核桃 3~5 颗，橄榄油 10 毫升，土豆面疙瘩适量，盐少许。

做法：

将土豆面疙瘩放入沸水中煮 1~2 分钟捞起备用，豌豆洗净沥干切碎备用，核桃拍碎后备用，葱洗净切丁备用，蒜头去皮切碎备用；平底锅内放入橄榄油，将备用食材一同倒入用中火拌炒，再倒入土豆面疙瘩与少许盐略炒即可关火食用。

小小提醒

核桃不宜多吃，会影响消化；另外，腹泻、有痰的宝宝不能吃哦！

香橙牛肉炖饭
小白菜三文鱼焗饭
黑白双菇牛肉饭
土豆面疙瘩佐豌豆核桃橄榄
食谱怎么做？
请扫二维码

1月
小寒、大寒
食谱怎么做？
请扫二维码
白红黄吱吱泥
嫩豆腐糯米糊
肉末结球莴苣粥
果菜米饼

嫩豆腐糯米糊

材料：糯米粉 150 克，豆腐 55 克。

做法：

糯米粉筛入碗中，加入适量清水调匀，制成米糊，豆腐碾碎呈泥状；砂锅放入豆腐泥，倒入米糊，煮约 3 分钟，边煮边搅拌，至食材成浓稠的糊状，盛入碗中即可。

小小提醒

还可以加入少许胡萝卜泥或甜菜根胡萝卜泥调色、调味，营养也更丰富。

肉末结球莴苣粥

材料：结球莴苣 20 克，瘦绞肉 30 克，胡萝卜 20 克，黑木耳 10 克，白米饭 40 克，高汤 200 毫升。

做法：

胡萝卜去皮后切丁，绞肉切碎，黑木耳去蒂后切碎，结球莴苣切碎丁；将锅内放入高汤、白米饭与其他食材，用中小火炖煮 8~10 分钟后即可食用。

小小提醒

如果担心肉末不够细，可将肉末打泥后放入粥内炖煮。

白红黄吱吱泥

材料：甜菜根 50 克，洋葱、土豆各 30 克。

做法：

将甜菜根、土豆、洋葱洗净后去皮切块，放入电炖锅内（外锅 1 杯水）蒸约 25 分钟，再放入果汁机里打泥即可食用。

果菜米饼

材料：花菜 20 克，苹果 25 克，米饭 40 克。

做法：

将花菜洗净后放入沸水中焯烫约 3 分钟，再将苹果洗净去皮切块后制成果泥，将花菜、米饭与果泥一同放入果汁机（或调理机）中打匀，制成米饼后铺在烤箱盘中，用 180℃高温烤 5 分钟即可食用。

豌豆三文鱼芝士粥

材料：三文鱼 20 克，姜 1~2 片，豌豆、胡萝卜各 10 克，宝宝芝士适量，高汤 100 毫升，白米饭 40 克。

做法：

将豌豆洗净沥干切碎备用；胡萝卜洗净去皮切丁备用；三文鱼洗净，上面放上姜片后入电炖锅中（外锅 1 杯水）蒸熟（蒸熟后的三文鱼能较轻松去刺）；锅内放入高汤、白米饭及其他食材，用中小火炖煮 8~10 分钟后即可食用。

菜肉胚芽粥

材料：胚芽米 40 克，猪绞肉 50 克，上海青、豌豆各 20 克，高汤 200 毫升。

做法：

将豌豆、猪绞肉、上海青洗净切细碎，放入沸水中焯烫约 3 分钟后沥干打泥备用，胚芽米煮成饭备用；将高汤倒入锅内，再将备用的食材全部入锅炖煮约 20 分钟后即可食用。

上海青麦芽豆饮

8~10 个月

材料：上海青 100 克，豆浆 70 毫升，麦芽糖 20 克。

做法：

洗净的上海青去根部，切块；榨汁机中倒入上海青块，加入麦芽糖，倒入豆浆，盖上盖，榨约 35 秒成蔬菜豆浆，断电后将蔬菜豆浆倒入杯中即可。

金莎豆腐泥

8~10 个月

蛋黄 1 个，豆腐 100 克，豌豆、红薯、苹果各 10 克。

将红薯洗净去皮，豆腐洗净沥干，豌豆洗净与蛋黄一块蒸熟，再捣碎磨泥，放入锅内炖煮 5~8 分钟，最后放入苹果泥即可食用。

小小提醒

这道美食非常助消化，便秘的小孩可以适量多吃。

土豆豌豆泥

材料：土豆 130 克，豌豆 40 克。

做法：

去皮的土豆切成薄片，放入烧开的蒸锅中，用中火蒸约 15 分钟至食材熟软，取出，放凉；将洗好的豌豆放入烧开的蒸锅中，用中火蒸约 10 分钟至青豆熟软，取出，放凉；取一个大碗，倒入蒸好的土豆，压成泥状，放入青豆，捣成泥状，将土豆和豌豆混合均匀即可。

小小提醒

这个月份的宝宝可以食用较硬一些的食物了，也可将豌豆整颗拌入土豆泥中。

上海青胡萝卜菇菇五谷粥

材料：上海青、胡萝卜、鸡腿菇各 20 克，鸡胸肉 50 克，五谷米饭 40 克，高汤 200 毫升。

做法：

上海青焯烫后捞起切细碎，胡萝卜切丁，鸡腿菇切细碎；鸡胸肉去掉脂肪与筋的部分，以免影响口感，放入沸水中汆烫至白色后捞起切碎；把高汤及其他食材一同放入锅内，用中小火的方式炖煮 8~10 分钟，最后放入上海青即可。

小小提醒

五谷米可先预备好，煮之前先泡开水 2~3 小时，再放入电炖锅中（外锅 1 杯水，内锅 5 杯水）蒸熟。

黑白冰激凌

材料：豆腐 100 克（以嫩豆腐为主，板豆腐口感较粗），黑芝麻 30 克，牛奶 100 毫升，砂糖适量，鲜奶油少许。

做法：

将黑芝麻、豆腐、牛奶、砂糖与鲜奶油一同放进果汁机里搅拌，这时候香气就出来了，喝的口感像是芝麻豆奶，再用盒子分装放进冷冻室 2~3 小时就能食用。

牛蒡上海青肉粥

材料：上海青 10 克，猪绞肉、牛蒡各 30 克，白米饭 40 克，高汤 200 毫升，白芝麻粉少许。

做法：

将上海青切碎备用；猪绞肉放入沸水中汆烫至变色，过滤杂质后捞起备用；牛蒡洗刷后切细碎，放入已备有高汤与白米饭的锅中，和其他备用食材一起炖煮 8~10 分钟即可食用。

食谱怎么做？
请扫二维码
土豆豌豆泥
上海青胡萝卜菇菇五谷粥
黑白冰激凌
牛蒡上海青肉粥

新手爸妈的迷思破除（4）

关于宝贝的其他迷思……

Q 延后辅食给予时间，才能有效避免过敏？

在2008年以前这个观点的确是对的，记得2005年我才刚生第一胎，“第一胎照书养”，书上的确告诉我们是如此。但我发现孩子就算是在8个月之后开始吃辅食，却还是过敏，甚至曾有过急性气喘、过敏性鼻炎以及呼吸道的过敏反应。第二胎开始（2008年），这个观点稍微不一样了，甚至近几年研究报告指出，越晚吃辅食，过敏情况可能会越严重。接下来的几胎，我开始在宝宝快6个月的时候给予辅食，加上哺育母乳。虽然老二有特应性皮炎的情况，长大后日渐改善（**大概4岁半时不再有抓到破皮流血的情况发生**），甚至老三、老四直到目前都没有过敏的情况发生，我想绝大部分是母乳的功劳。

另外一方面是我让他们比较着吃，对于给予的食物，清晰记录下容易让他们有过敏反应的食材，只要不是严重到过敏性休克，都可以暂停一两个月之后再尝试。最有名的研究就是对住在英国和以色列的犹太儿

童的观察，发现英国的犹太儿童较晚才开始给他们吃花生，但在长大后，反而比以色列的犹太儿童容易对花生过敏。另外有医学报道指出，宝宝6个半月后才吃小麦、燕麦、大麦，9个月才吃鱼，11个月后才吃蛋，反而较容易有过敏性鼻炎，而后两者也比较容易气喘，类似这样的报道越来越多，当然这也不是在教大家毫无限制地给予并且越早给越好，可以建立一个基准点，那就是在宝宝6个月大的时候，具备基本的消化能力、肠胃道黏膜也建立好初步防御能力后。另外，一开始当然不能就直接给干饭，而是从米汤、十倍粥、五倍粥、面条发展下去，并了解主要过敏原与次要过敏原食物分别有哪些，就不用烦恼到底该何时开始给宝贝辅食了。

备注：最常造成过敏的食物有蛋、牛奶、花生、西红柿、小麦、豆、鱼和有壳海鲜等；水果类则包括柑橘类、草莓、猕猴桃和芒果。若是父母皆有过敏史，宝宝食物过敏的概率会比其他孩子高出两倍，但大多数会在5岁之前得到缓解，除了花生、海鲜类外。

Q 宝宝易受惊吓，当成粽子绑起来就对了

宝宝刚出生前3个月常会有“惊吓反射”，那是因为他们还不能控制自己的身体，才会有手脚抖动的情况发生。记得婆婆很在乎绑得紧这件事，常常用一条绳子与包巾就把他们的手脚甚至身体都包裹起来，而我经常在婆婆关上门后，再将他们松绑，实在不忍心看到他们变成粽子，动也不能动，好像在关禁闭那样。但其实适度的包裹是可以的，能让宝宝有重回母体的温暖与安全感，维持情绪稳定。只是要切记注意力道的适当，否则常会因绑太紧而出现意外，造成宝宝皮肤病、甚至假性发热的可能。这4个孩子裹成粽子的时间，只有出生在夏天的老三到满月后就不裹了，其他几个孩子因为都是冬天出生，所以有延后到第二个月。但不是完全用绳子绑起来，而只是用毯子轻微包裹。另外套在新生儿手上的小手套，也千万不要用橡皮筋绑着，最近就有社会案例发生，把婴儿的手指头绑到缺血而截肢。为了不让他们用手抓伤脸而套手套，还不如定时帮他们修剪指甲。满4个月后的宝宝，对外界已经开始有适应、探索能力，别一再过度地包裹；而未满4个月的宝宝，只要能使他们睡得安稳、体温保持平衡，也不一定要全身包紧。

维尼妈的育儿经验分享（4）

1 这也不吃，那也不吃，只会对我摇摇头时怎么办？

维尼妈妈这样做

宝宝越大越有个体意识，甚至“含饭过程”次数越来越多，有时还会像果菜榨汁机一样，把食物咬一咬之后再吐出来，特别是正在长牙的宝宝，建议可将辅食的食材煮得软烂些，较易吞咽。当全家人吃饭都是看电视或玩手机时，宝宝也会变得不专心吃饭起来。甚至宝宝运动量不够，上一餐还没完全消化，紧接着就跟着下一餐，就算是大人也会吃不下。建议记录下宝宝每天饮食的总分量，只要有达到均衡营养即可，不用担心少吃了一餐会营养不良，没有孩子会饿到自己的肚子；在餐与餐之间，不要给太甜的饼干、饮料等零食，重点放在正餐上，并尝试不同食材，给予宝宝良好、正面的回应与鼓励，相信这样能培养出良好的饮食习惯！

2 带宝宝外出游玩时，准备辅食不再是难事

以出游的时间来分，若是半天的旅游，可利用闷烧罐或是保温杯来保存辅食，带白吐司、馒头在路上喂食，或是整份水果，例如香蕉、苹果等，只需要再带碗与铁汤匙，方便刮泥喂宝宝。一整天的外出活动，可将辅食先装在保鲜盒中，再置入冰宝袋，里头摆放一两份的冰宝，食用时加热即可。三天两夜的轻旅行，可预备冰桶，将辅食冰砖放进保鲜盒里放入冰桶，到饭店后就可将其他冰砖放入冰箱冷冻。如搭飞机时，则可将所有辅食分装在母乳保存袋或是一般夹链袋里面，平面压扁式的密封好，再用报纸包起来，放进冰宝里面，一上飞机就请航空乘务员将辅食冰存起来，下飞机后就赶快去饭店，把所有东西冰起来。或到了当地再购买新鲜食材与水果来制作辅食。

3 关于民俗传统（禁忌），样样都要照单全收吗？

宝宝第四个月是长牙流口水阶段，唾液腺正在快速成长中，加上控制吞咽的神经机制尚未成熟，才会经常流口水，两岁半之后，情况就会改善。收涎只是心理作用罢了，如果有空想到来玩一下是可以啦！农历七月不能出门游玩？可能因为夏季容易有传染病或得其他疾病的疑虑，太晚在外总是比较担心，早点回家比较安全。宝宝睡觉时拍照？宝贝难得安静得像天使，初为人父母的我们，总会一直欣赏宝宝睡觉时的萌萌样嘛！育儿过程中，本来就该多加注意，而不能只归咎在某一行为活动上。

在怀老三时，很多人说属虎的孩子不好，我只觉得“那又怎样”。用爱与关怀把孩子养育长大，让他们成为有用、懂事的人就好。别让传统牵着鼻子走，相信自己的直觉最重要！

4 宝宝何时才能吃辅食？当初怎么决定的？

维尼妈妈
这样做

几种方式可以判断：当体重为出生时的两倍；头与颈部可以打直，并在趴着的时候，可以自行撑起头部，稍微能保持坐姿；配方奶宝宝每日饮奶量达到1000毫升以上；当他们开始对大人的食物产生好奇，或是会想伸出手来抓取食物，把东西塞在自己嘴巴里的时候，大概就是宝宝可以开始吃辅食的时候了！从十倍粥的米糊开始，再由液态、部分半固体到全部固体慢慢变更，一次只尝试一种新的食物。等宝宝月龄更大的时候，还能慢慢培养他们用手拿着餐具吃东西、学习餐桌礼仪的好习惯，让宝宝逐渐习惯成人的饮食方式。这段时期主要训练吞咽与咀嚼，接触到更多样化的食物，吸收日常所需的额外营养。每个宝宝都有自己的成长速度与周期，别给宝宝和自己太大压力哦！

第六章

宝宝生病了，怎么吃？

宝宝刚诞生到这世界，体内有来自妈妈的抗体保护，大概在 6 个月到 8 个月之间，宝宝身上来自妈妈的抗体逐渐消失，这时容易因外在环境变化而引发身体的不适，例如腹泻、发热、感冒、咳嗽等疾病。对新手爸妈而言，一方面要忙于照顾宝宝的日常生活，另一方面又得提心吊胆面对宝宝生病可能有的反应与征兆，心力交瘁地面对

这些接踵而来的考验。以下是根据宝宝较常出现的生病症状而给出的一些可以舒缓宝宝生病时不舒服状况的食谱，供大家参考。在日常生活中也要特别注意宝宝每天吃的食物，是否卫生、营养均衡。从提高宝宝抵抗力去着手照顾，相信宝宝的身体会更加健康，免于疾病的威胁。当宝宝生病时，父母亲最重要的就是冷静与沉着面对。记得还是要带宝宝去儿科让医生检查病因，才能更了解该如何照顾宝宝。

腹泻

宝宝腹泻怎么办？

宝宝腹泻是妈妈最为头疼的事情之一，一般都会伴随着食欲不振、精神状况不佳等现象。面对这种情况，可以将食材稍微做些变化，添加如苹果、石榴、荔枝等水果或山药、胡萝卜等食材，不仅同样营养丰富，而且也都具有缓解腹泻的功效。在这时期也尽量不要给宝宝吃瓜类、乳制品、粗纤维以及太油腻、容易胀气的食物。

山药萝卜粥 8~10个月

材料：山药、胡萝卜各10克，白米饭40克。

做法：

山药、胡萝卜洗净去皮切成颗粒，将白米饭、清水与其他食材一同放入电炖锅中（外锅1杯水）蒸25~30分钟后待凉即可食用。

小小提醒

胡萝卜为碱性食物，所含的果胶能促进便便形成，吸附肠道黏膜上的细菌与霉素，是一种很好的止泻食材。

泥是我的小苹果 皆可

材料：苹果85克，红薯90克，米粉65克。

做法：

去皮的红薯切成丁，苹果去除果核、表皮，切成丁；蒸锅烧开，放入装有苹果、红薯的蒸盘，用中火蒸约15分钟，取出，晾凉，用刀压扁，制成红薯泥、苹果泥；汤锅注水烧开，倒入苹果泥拌匀，倒入红薯泥搅拌几下，倒入米粉，拌煮片刻至食材混合均匀，呈米糊状即成。

食谱怎么做？
请扫二维码

小小提醒

苹果具有生津、润肺、健脾、益胃、养心等功效，所含果胶、膳食纤维能有调理肠胃的作用。

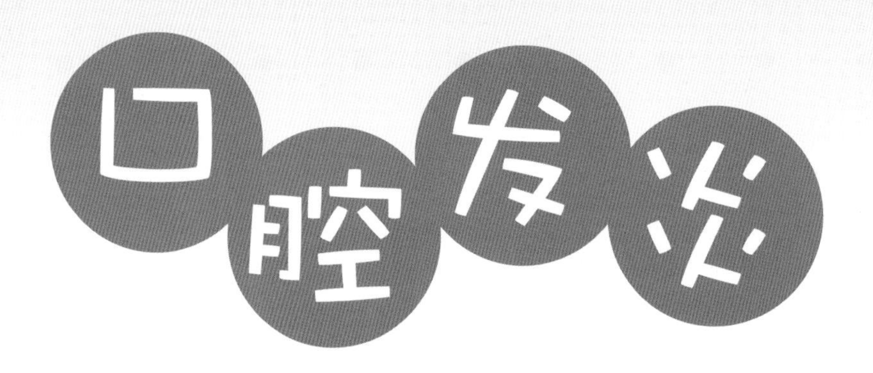

宝宝口腔发炎是妈妈最为头疼的事情之一！

油菜水 8~10个月

材料：上海青 40 克。

做法：

上海青切成小块；砂锅中注入适量清水烧开，倒入切好的上海青，拌匀，盖上盖，烧开后用小火煮约 10 分钟至熟，关火后揭盖，用滤网将汤水过滤到碗中即可。

小小提醒

上海青含有维生素 B_2，对抑制溃疡有很好的作用；也可在水中加入少许胡萝卜调味。

口腔是人体重要的器官。宝宝要用吃来长大，一旦口腔发炎，吃这件事情就变得非常困难与不舒服。单纯的口腔发炎还会导致轻微腹泻、营养不良、急性感染等全身性疾病。小儿口腔发炎的罪魁祸首主要是细菌、病毒以及真菌；还能因受伤感染或全身抵抗力下降而诱发。平时要多注意宝宝口腔清洁，记得吃完东西后，可用纱布巾或是宝宝指套牙刷来清洁口腔与牙齿。无论何时、何处，各种病毒与细菌都会伺机而动，别忘记清洁口腔也是很重要的抗菌计划哦！

鲜鱼蒸蛋 8~10 个月

材料：蛋 1 个，鲷鱼 15 克，胡萝卜 10 克，青豆 5 克，高汤适量。

做法：

将鲷鱼洗净切碎，胡萝卜洗净去皮磨泥，青豆洗净去膜压碎；将蛋打散后加入适量高汤搅拌均匀，再将备用好的食材一同放入搅拌，放进电炖锅中（外锅 1 杯水）蒸熟后待凉即可食用。

小小提醒

若担心宝宝对蛋白过敏，建议用豆腐代替蛋液；也可食用豆花、蒸蛋类来缓解口腔发炎的不适。

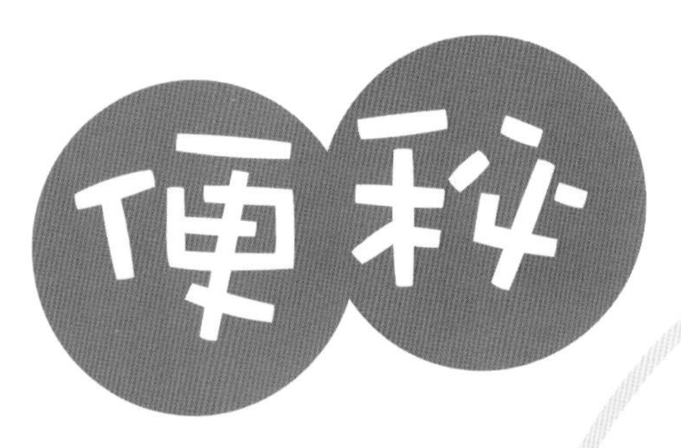

宝宝便秘怎么办？

宝宝的肠胃还未发育成熟，排便不顺的难受也无法用言语来表达。通常在换奶或吃辅食的时候，会有便秘的情况产生。水分的摄取在全乳时期无需紧张，但到了辅食阶段，因为开始摄取其他食物，若是发生便秘反应，可以多吃膳食纤维含量高的食物，例如黄瓜、菠菜、苹果、香蕉、红薯等。建议在宝宝出生时，利用宝宝成长记录本，每日观察宝宝进食、排便的情况。

菠菜香蕉泥 6~8个月

材料：菠菜80克，香蕉1根。

做法：

锅中注水烧开，放入菠菜，煮半分钟，捞出，切成粒；香蕉去皮，把果肉剁成泥状；取榨汁机，把菠菜倒入杯中，打成泥，倒入碗中备用；锅中注水烧热，倒入菠菜汁、香蕉泥搅拌均匀，煮至沸即可。

食谱怎么做？请扫二维码

小小提醒

菠菜与香蕉都富含膳食纤维，可以促进肠胃蠕动，让宝宝排便顺畅。

高纤黑枣红薯泥 8~10个月

材料：黑枣1颗，红薯20克，包菜10克，高汤适量。

做法：

红薯洗净去皮切碎，黑枣洗净去籽切碎，包菜洗净切碎；将所有食材放入容器中搅拌均匀，加入适量高汤放入电炖锅中（外锅半杯水）蒸熟待凉后即可食用；如果宝宝月龄较低，也可以打泥后食用。

小小提醒

黑枣可用火龙果代替，将其去皮刮泥与其他食材一同搅拌后食用，一样具有缓解便秘的功效哦！

吃也吐，不吃也吐，到底我该怎么做？

西蓝洋葱鲜鱼汤

8~10 个月

材料：西蓝花 10 克，鲷鱼片 10 克，洋葱、鲜姜各 5 克，蔬菜高汤适量。

做法：

西蓝花洗净，洋葱洗净去皮切碎，鲷鱼片洗净；将以上食材放入沸水中烫约 3 分钟，捞出沥干后用研磨器磨碎；再将洗净去皮的鲜姜、蔬菜高汤煮沸后，倒入研磨好的食材一同炖煮 3~5 分钟即可食用，也可捞出鲜姜后食用。

小小提醒

宝宝呕吐时期尽量不要给予难消化或容易胀气的食物，乳制品、粗纤维太多的蔬菜也尽量不要给，当然也不要吃太油腻的食物哦！

宝宝呕吐是比较常见的症状。刚出生的宝宝容易溢奶或吐奶，那是因为婴幼儿的食道与贲门相接处的括约肌比较松，可以采取少量多餐的方式进食。通常溢奶与吐奶现象会在 6 个月大以后渐渐改善，若宝宝肠胃实在较弱，也可以用一些合理的饮食或食疗方式来舒缓呕吐症状。呕吐不是病，但却是可以知道宝宝身体正在不舒服的各种征兆之一。注意呕吐次数与颜色，必要时赶紧就医治疗，检查清楚呕吐的真正原因，才能即时发现异常、即时治疗。

西红柿汤

8~10 个月

材料：西红柿 90 克。

做法：

西红柿对半切开，去蒂，切碎，装入盘中待用；锅中注入适量清水，用大火烧开，倒入切好的西红柿，盖上盖，用小火煮 5 分钟至熟，揭盖，将煮好的汤料盛入滤网中，滤出西红柿汤即可。

小小提醒

西红柿所含的“番茄素”，有抑制细菌的作用，其还含有苹果酸、柠檬酸和糖类，有帮助消化的作用。

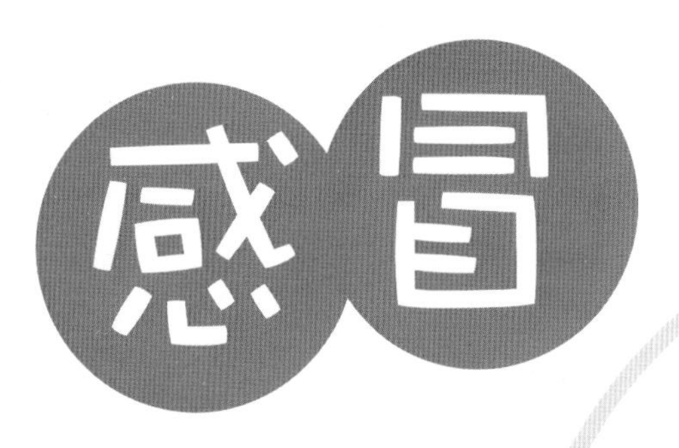

宝宝感冒了，该怎么办？

宝宝大约 6 个月大时，体内来自母体的抵抗力渐渐下降，此时就要靠宝宝自身的抵抗力来抵抗外在的病菌，因而难免感冒。记得宝宝第一次感冒而流鼻涕时，心里很内疚。为了减轻宝宝感冒的不适，又希望他们不会渐渐消瘦，这时可以利用一些食疗方法来补充宝宝的精力，也能避免食欲不振的情况，让宝宝在感冒时期依然能摄取到营养。

葱白小米粥

6~8 个月

材料：葱白 3~5 段，生姜 3~5 片，白米适量。

做法：

葱白洗净切段，姜洗净切片，锅中放入白米及开水煮成粥；再将葱白与姜片放入煮 5~8 分钟，葱白不可久煮，以免失去功效，捞出葱白与姜片后，待凉即可食用。

小小提醒

感冒初期有咳嗽、痰多、鼻涕清、舌苔白等现象，一般属于“寒性感冒”，可用葱白来进行食疗。

山药蔬菜粥

8~10 个月

材料：山药 70 克，胡萝卜 65 克，菠菜 50 克，大米 150 克，葱花少许。

做法：

去皮的山药切成小块，胡萝卜切成粒，菠菜切成小段，大米洗净后用水浸泡 8 小时；砂锅注水烧开，倒入大米拌匀，烧开后用小火煮约 30 分钟，倒入胡萝卜、山药拌匀，放入菠菜拌匀，烧开后用小火煮约 5 分钟至食材熟透即可。

食谱怎么做？
请扫二维码

小小提醒

感冒的宝宝需要通过清淡的饮食调理身体；山药含有植物性蛋白且能帮助肠胃吸收消化，是宝宝感冒时期补充营养的最佳食材之一。

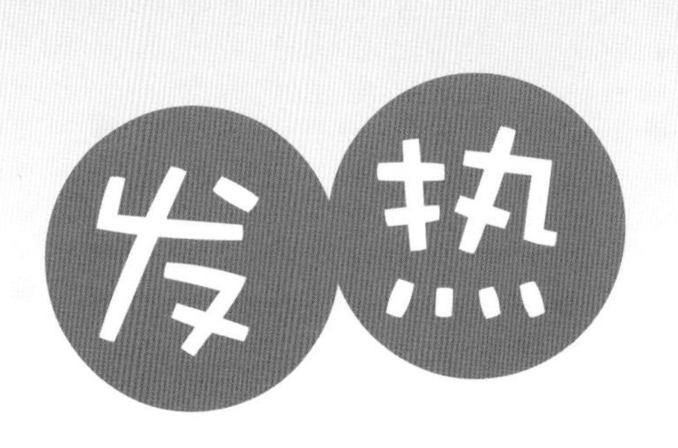

好烫！宝宝发热了！该怎么舒缓宝宝的不适？

水梨红苹莲藕汁

6~8 个月

材料：水梨 50 克，苹果 50 克，莲藕 50 克。

做法：

水梨、苹果、莲藕洗净、去皮、去核，切块后放入电炖锅内，加入适量开水后，外锅 1 杯水蒸熟，取其汁待凉后即可饮用。

小小提醒

水梨具有清热、润肺的作用，苹果含有大量维生素 C，可补充体内营养。

发热是一个警号，表示身体出现了问题。引起发热的原因很多，除了细菌和病毒感染之外，不通风的环境、过多的衣物也会使宝宝体温上升。发热时最容易导致宝宝食欲变差，影响宝宝的营养吸收。该怎么补充营养才能在宝宝发热时有所帮助？当高热不退时，也要注意到因温度突然升高而引发的抽搐和热痉挛，我们家老二就曾有过两次这样的经验，当时真的吓坏了。爸爸妈妈除了随时注意宝宝体温的变化外，必要时请尽快就医治疗。

西瓜绿豆粥

8~10个月

材料：大米95克，绿豆45克，西瓜肉80克，白糖适量。

做法：

大米、绿豆洗净后用水浸泡8小时以上，西瓜肉切成小块；砂锅中注水烧开，倒入大米、绿豆搅拌均匀，烧开后用小火煮约30分钟至食材熟透，加入少许白糖拌匀，煮至溶化，倒入西瓜块，快速搅拌均匀即可。

食谱怎么做？请扫二维码

小小提醒

绿豆水分充足、营养丰富，有清热解毒的作用；西瓜可以补充维生素，还有很好的利水作用，适合发热的宝宝食用。

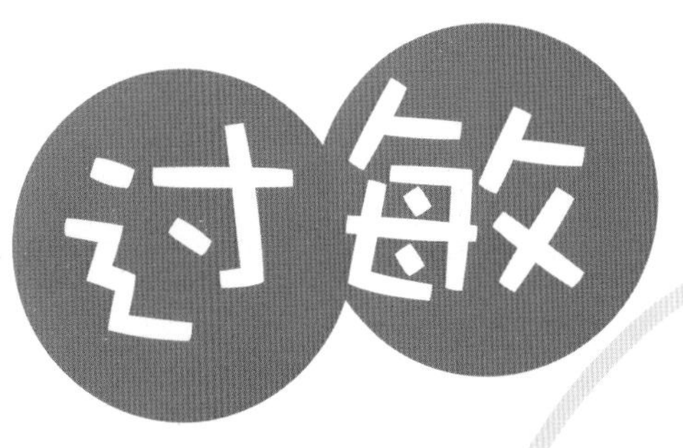

宝宝过敏急死我了，该怎么做？

虽是同个娘胎生的，但 4 个孩子的过敏反应都不一样，老大有急性过敏性鼻炎、老二特应性皮炎、老三及老四都是接触性皮肤炎。选择哺喂母乳，这是预防宝宝过敏的第一道防线。母乳含丰富营养素，更有珍贵的免疫球蛋白，可以帮助宝宝提升抵抗力。进入辅食阶段，食材选择需特别注意。当然，并不是所有都应该禁止或避免摄取，遵守一次一样食材的给予，并仔细观察且记录下宝宝吃完辅食的反应，才不会让自己担心太多。

南瓜椰菜野菇粥

8~10个月

材料：南瓜20克，蘑菇5克，西蓝花10克，白米饭40克，葱花少许，高汤适量。

做法：

南瓜洗净切块去籽，放入电炖锅内（外锅1杯水）蒸熟后磨泥备用；西蓝花、葱花、蘑菇洗净切碎备用；锅中放入备用食材、白米以及适量高汤，炖煮5~8分钟后即可食用。

小小提醒

南瓜是预防感冒、低过敏的好食材，含有丰富的胡萝卜素、B族维生素，可提高宝宝免疫力。

鸡肉饭

10~12个月

材料：鸡胸肉40克，胡萝卜30克，鸡蛋1个，芹菜20克，牛奶100毫升，软饭150克。

做法：

鸡蛋打散、调匀，胡萝卜、芹菜、鸡胸肉切成粒；将米饭倒入碗中，再放入牛奶拌匀，倒入蛋液拌匀，放入鸡肉丁、胡萝卜、芹菜搅拌匀，放入烧开的蒸锅中，用中火蒸10分钟至熟即可。

食谱怎么做？
请扫二维码

小小提醒

鸡肉、胡萝卜都是营养丰富、低过敏的食材，适合过敏宝宝食用。

图书在版编目（CIP）数据

宝贝，吃什么？：超级辣妈全营养私房辅食 / 维尼妈著 .—福州：福建科学技术出版社，2016. 6
ISBN 978-7-5335-5009-7

Ⅰ . ①宝… Ⅱ . ①维… Ⅲ . ①婴幼儿 – 食谱 Ⅳ . ① TS972.162

中国版本图书馆 CIP 数据核字（2016）第 075212 号

书　　名	宝贝，吃什么？——超级辣妈全营养私房辅食
著　　者	维尼妈
出版发行	海峡出版发行集团 福建科学技术出版社
社　　址	福州市东水路 76 号（邮编 350001）
网　　址	www.fjstp.com
经　　销	福建新华发行（集团）有限责任公司
印　　刷	深圳市雅佳图印刷有限公司
开　　本	710 毫米 ×1020 毫米　1/16
印　　张	10
图　　文	160 码
版　　次	2016 年 6 月第 1 版
印　　次	2016 年 6 月第 1 次印刷
书　　号	ISBN 978-7-5335-5009-7
定　　价	36.80 元

书中如有印装质量问题，可直接向本社调换